模块化微型数据机房建设标准
（T／CECA 20001—2019）
实施指南

《模块化微型数据机房建设标准》编委会　组编

中国建筑工业出版社

图书在版编目（CIP）数据

模块化微型数据机房建设标准 T/CECA 20001—2019 实施指南/《块化微型数据机房建设标准》编委会组编. —北京：中国建筑工业出版社，2019.8
ISBN 978-7-112-24115-6

Ⅰ.①模… Ⅱ.①块… Ⅲ.①计算机-机房-基础设施建设-标准-中国-指南 Ⅳ.①TP308-65

中国版本图书馆 CIP 数据核字（2019）第 184241 号

本书由编委会编写，内容与《模块化微型数据机房建设标准》对应，共十二章，采用文字加图表的方式，对标准内容进一步解释说明，其深度高于条文解释，以加深读者对《模块化微型数据机房建设标准》的理解。在最后的附录中，指南给出了八个具体案例，方便大家对标准的理解和使用。

本书适用于从事相关工作的专业人员或者对此领域感兴趣的相关人员。

责任编辑：张　磊　李春敏　高　悦
责任校对：张　颖

模块化微型数据机房建设标准（T/CECA 20001—2019）实施指南
《模块化微型数据机房建设标准》编委会　组编

*

中国建筑工业出版社出版、发行（北京海淀三里河路 9 号）
各地新华书店、建筑书店经销
北京科地亚盟排版公司制版
天津翔远印刷有限公司印刷

*

开本：787×1092 毫米　1/16　印张：12　字数：296 千字
2019 年 12 月第一版　2019 年 12 月第一次印刷
定价：**40.00** 元
ISBN 978-7-112-24115-6
（34624）

本书编委会

主编部门：中国勘察设计协会建筑电气工程设计分会

主编单位：中国建设科技集团股份有限公司

参编单位：中南设计集团（武汉）工程技术研究院有限公司、中国建筑设计研究院有限公司、华建集团上海建筑设计研究院有限公司、中国建筑东北设计研究院有限公司、浙江德塔森特数据技术有限公司、北京科计通电子工程有限公司、北京比目鱼信息科技有限责任公司、华为技术有限公司、维谛技术有限公司、南京普天天纪楼宇智能有限公司、浩德科技股份有限公司、北京太极华保科技股份有限公司、北京同为基业科技发展有限公司、北京力坚消防科技有限公司、杭州得特数据技术有限公司

主　　编：欧阳东

委　　员：王苏阳、熊江、郭利群、陈众励、郭晓岩、陈实、黄群骥、胡晓明、张广河、李朝辉、郝雁强、吕纯强、汤德富、张勇、刘昕、苏剑、于娟、齐立民、于庆友、吴江荣、曾宇山、赵雪锋、肖必龙、马名东、朱江、王腾江、喻凌、周泉生、郑明、文明、赵瑷琳

审查专家：尼米智、谢卫、张光辉、朱立彤、姚伟、徐华、王新芳

前　　言

根据《关于印发深化工程建设标准化工程改革意见的通知》（建标［2016］166 号文），团体推荐标准将是我国标准体系中不可或缺的一个环节，国家和政府也鼓励具有社团法人资格和相应能力的协会、学会等社会组织，根据行业发展和市场需求，按照公开、透明、协商的原则，主动承接政府转移的标准，制定新技术和市场缺失的标准，推荐市场自愿选用。团体推荐标准能与政府标准相配套衔接，形成优势互补、良性互动、协同发展的工作模式，团体标准也可作为设计依据。

模块化数据中心机房，特别是微型智能化一体机系统，适应当前数据中心发展方向，能切实满足我国社会服务转型、产业升级、全民创新的需要。根据中国勘察设计协会《关于印发 2018 年第一批中国勘察设计协会团体标准制修订及相关工作计划的通知》（中设协字［2018］6 号）的要求，中国勘察设计协会建筑电气工程设计分会为了满足市场需求，组织中国建设科技集团股份有限公司（主编单位）和中国建筑设计研究院有限公司、华为技术有限公司等 15 家参编单位共同编制了中国勘察设计协会团体标准《模块化微型数据机房建设标准》（T/CECA 20001—2019），该团体标准已由中国建筑工业出版社正式出版，2019 年 6 月 1 日开始实施。

《模块化微型数据机房建设标准（T/CECA 20001—2019）实施指南》针对标准内容，通过描述各章节的主要阶段、内容、角色及流程框图，采用文字加图表的方式，进一步解释团标，其深度远高于条文解释，以加深读者对《模块化微型数据机房建设标准》（T/CECA 20001—2019）的理解。指南包括总则、术语与代号、规划设计、采购及招标、进场与设备验收、安装调试、试运行、验收及交付、技术培训、运行维护、监控与管理、拆除与回收、附录等章节，在最后的附录中，给出了八个具体的微型数据中心案例，方便建设单位、设计单位、施工单位、运维单位、产品单位的技术人员对团体标准的理解和使用。

由于时间紧，工作量大，又是业余时间编写，加之水平有限，有不妥之处，请大家多批评指正。

主编：

2019.11.6

目　　录

第一章　总　　则

一、《MMDC 标准》原文

1　总　　则

1.0.1　本标准的目的是为模块化微型数据机房的建设提出要求和指导原则；推行绿色节能、模块化、集成化、面向全生命期的建设理念；实现安全可靠、建设周期短、总拥有成本低、智能化程度高、运行环境良好、维护管理方便、多专业有效协同的建设目标。

1.0.2　本标准适用于新建、改建及扩建的模块化微型数据机房。

1.0.3　模块化微型数据机房占地面积小、节省空间、基础环境适应性强，易于管理、维护和扩容，节约能源与投资；模块化微型数据机房宜采用一体化配置。

1.0.4　模块化微型数据机房宜包括机柜、供配电、不间断电源、照明、空调、给水排水、安防、通信、消防、防雷及接地、环境和设备监控、IT 设备等系统。具体配置见表 1.0.4 系统及设备配置。

1.0.5　模块化微型数据机房涉及的外部接口宜包括电源、空调、给水排水、安防、通信、消防、防雷及接地、环境和设备监控等接口；内部接口宜包括机柜间、模块化设备插拔、上传信息等接口。见表 1.0.5 机房基础设施与机房系统接口要求。

1.0.6　模块化微型数据机房应用范围宜包括一级机构、二级分支机构、末端网点的机房，如图 1.0.6 所示。

1.0.7　模块化微型数据机房建设除应符合本标准的规定外，尚应符合国家现行相关标准和规范的规定。

系统及设备配置　　　　　　　　　　　　　　　表 1.0.4

系统	微模块单机柜组成	微模块多机柜（封闭通道）组成
机柜	机柜、桥架	机柜、封闭通道组件、桥架
供配电	配电单元、电源分配单元	电源配电柜、电源分配单元
不间断电源	不间断电源主机、蓄电池	
照明	光源、灯具、控制器	
空调	柜内空调（机架式、非机架式）、送排风机	精密空调（风冷空调、水冷空调）
给水排水	冷凝排水装置	加湿供水装置；冷凝、加湿、事故排水装置
安防	视频监控、出入口控制装置	视频监控、出入口控制、入侵报警装置
消防	报警、联动、灭火装置	
通信	数字交换装置	
防雷及接地	电涌保护器、接地排、接地线	
环境和设备监控	监控主机、前端采集设备、前端显示设备、网络系统、电子运维	

机房基础设施与机房系统接口要求 表 1.0.5

接口内容	接口要求
电源	宜采用交流电源 220/380V，50Hz
空调	宜采用独立冷源系统，也可利用建筑物冷源系统
给水排水	应提供可靠的给水排水通道及阀门
安防	可独立于建筑物安防系统，将出入口控制、视频监控、入侵报警信号接入建筑物安防控制室
通信	宜采用光纤或铜缆接口，也可采用无线接口
消防	可独立于建筑物消防系统，也可将消防报警信号接入建筑物消防控制室
防雷及接地	外部电源及信号引入端应配置一、二级电涌保护器，机房内配置三级电涌保护器
环境和设备监控	宜独立于建筑设备监控系统（软件），应采用国际通用的标准接口
机柜间	应自带并柜件
模块化插拔	宜具有模块插拔功能
上传信息	宜上传告警、空间容量、电力、资产等信息

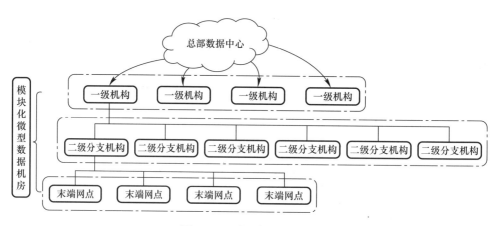

图 1.0.6 应用场景关系图

注：模块化微型数据机房应用场景示例如下。

1 银行数据机房：一级分行—二级分行—营业网点机房。

2 邮政局数据机房：邮政局机房—邮政局分局—邮政网点机房。

3 医院数据机房：卫生局机房—医院机房—社区医院机房。

4 公安数据机房：公安局机房—公安分局机房—派出所机房。

5 消防数据机房：消防局机房—消防分局机房—消防站机房。

6 普教数据机房：市教育局机房—区教育局机房—学校机房。

7 商业数据机房：商业总部机房—商店机房—商业网点机房。

8 超市数据机房：超市总部机房—超市机房—社区网点超市机房。

9 酒店数据机房：饭店总部机房—总店机房—分店机房。

10 社区数据机房：办事处总部机房—街道办事处机房—社区居委会机房。

11 企业数据机房：企业总公司机房—下属公司机房—分支机构或办事处机房。

二、主要阶段、内容及角色（表 1-1）

主要阶段、内容及角色 　　　　　　　　　　　　　　　　　　　　　表 1-1

1.0.1	目的	本标准是一个全生命期、全专业、全过程的建设标准，为满足 MMDC 的市场需求，提供一套全方位涵盖微型机房的立项、规划设计、施工管理、采购及招标、安装调试、验收、运维、拆除与回收等过程的建设标准。在节能、环保、减排的前提下，最大限度的发挥其特有的作用。本标准从机房建设及机房设备的纵向、全生命期的横向两个维度，全面规范了 MMDC 建设标准。纵向 MMDC 架构包含了对软件、硬件、机电、结构等子系统的特性进行规范；横向全生命期内，对 MMDC 的立项、规划设计、施工、运维等行为进行规范；提供一套可实际操作的机房建设标准，以此保障 MMDC 全生命期过程的品质，满足我国数据中心行业市场的发展需要
1.0.2	范围	本标准适用于单独的小型网点、总部＋分支的模式。MMDC 一般指具备树状组织架构的分支单位的多网点机房建设，如机房应用场景示意图中虚框范围内的机房；MMDC 一般为一个组织的区域分支以及区域分支以下的终端办事机构机房（不涉及大型基地型总部数据中心机房）。对于无法形成树状网络架构的零星独立小规模数据机房、IT 规模不大的企事业单位机房，规模在 120m² 以下或 50 台机柜以内机房，参照本标准进行建设
1.0.3	特点	基于 MMDC 机房占地小、节省空间、对外部环境适应性强、易于管理、维护和扩容等特点，且 MMDC 机房改建工程往往是在既有建筑空间内进行，不可能完全满足数据机房的建设标准要求，故本标准对 MMDC 机房所需的环境、资源提出了选址及改造要求，对所建机房的面积、净高、荷载及机柜的数量、用电需求等因素进行了相关规定
1.0.4	组成	MMDC 机房由机柜、供配电、不间断电源、照明、空调、给水排水、安防、通信、消防、防雷及接地、环境和设备监控、IT 设备等 12 个系统组成，其配置如下： 1. 机柜系统是由支撑微型数据机房设备的结构框架组成，通常是金属结构，根据需求前后门可做成网孔金属门或玻璃门。 2. 供配电系统是由电源配电柜（PDF）以及为各个机柜或机柜内电源分配单元（PDU）、照明供电的开关及电气线路组成。 3. UPS 是由变流器、开关和储能装置（蓄电池组）组成，为机房内部负载提供后备供电能力的电气装置。 4. 照明系统是由光源、灯具、控制器组成，为机房内部提供工作照明的装置。 5. 空调系统是由室内机和室外机两部分组成，为 IT 设备提供冷却的设施，室内机包括机柜内送风（单机柜系统）、侧送风、水冷背板、热管背板等多种形式；室外机分为一对一分体机和集中冷源等。 6. 给水排水系统是由加湿供水、冷凝、加湿、事故排水组成。 7. 安防系统是由摄像机和门禁装置组成，摄像头负责记录机柜被操作的影像，形成工作记录，以便事后追查或结合门禁装置的报警信号拍摄非法打开机柜的动作。门禁装置允许被授权的操作人员操作机柜，未被授权者无法正常开启机柜门，若强行打开则向监管部门报警。 8. 通信系统是由布线系统及 IT 变换设备等组成。 9. 消防系统是由机柜内的吸气式烟雾探测器、感烟火灾探测器、气体灭火钢瓶及联动设备等组成的，用于迅速扑灭 MMDC 内部火情。 10. 防雷及接地系统是由电涌保护器、接地排、接地线等组成，按照《建筑物防雷设计规范》（GB 50057—2016）和《建筑物电子信息系统防雷技术规范》（GB 50343—2012）设置的防雷电波侵入措施和安全接地装置

1.0.4	组成	11. 环境和设备监控系统是由监控主机、前端采集设备、前端显示设备、网络系统、运维系统等组成，主要是针对机房所有的设备及环境进行集中监控和管理的；其监控对象构成机房的各个子系统：动力系统、环境系统、消防系统、安防系统、网络系统等。机房监控系统基于网络综合布线系统，采用集中监控，在机房监视室放置监控主机，运行监控软件，以统一的界面对各个子系统集中监控。实时监视各系统设备的运行状态及工作参数，发现部件故障或参数异常，及时采取多媒体动画、语音、电话、短信等多种报警方式，记录历史数据和报警事件，提供智能专家诊断建议和远程监控管理功能以及 WEB 浏览等。 以上各系统内容为一个"MMDC"可包含的所有系统，各建设单位应根据所建机房的规模、资金状况、现有建筑条件等进行取舍。 12. 交换机、服务器、存储等属于 IT 设备
1.0.5	接口	MMDC 的内外部接口存在明确的分界点，其外部的接口就是外部资源接入的分工界面。 微型数据机房设置的总电源进线开关即为外部电源引入的界面，自进线开关起一般由微型数据机房的承包商负责，进线开关之前的线路可由物业或者楼宇施工方负责，也可由微型数据机房的承包商负责。 微型数据机房的空调可以是分体式，也可以利用集中冷源。当采用集中冷源时，整个微型数据机房的冷水接口就是分工界面。 MMDC 内部接口是指"机房"内机柜之间、模块化设备插拔、信息上传等接驳点。 MMDC 机房内部、外部接口结构示意图见图 1-1
1.0.6	应用场景	MMDC 应用范围宜包括银行、邮政局、医院、公安、消防、普教、商业、超市、酒店、社区、企业等，可以是单独的小型网点，也可以是总部＋分支的模式，应用场景示例见图 1-2
1.0.7	本指南涉及主体	咨询方、投资方、建设方（含业主方/用户方/甲方）、设计方、招标方（含发标方）、投标方、中标方、供货方、施工方、监理方、检测方、物业方、运维方、培训方、受训方、回收方

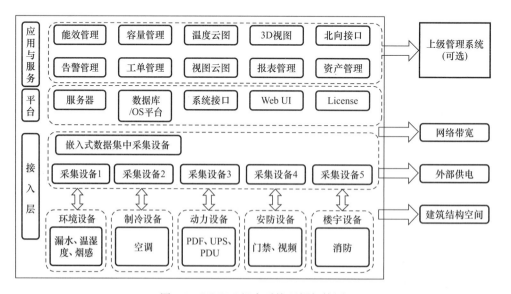

图 1-1 MMDC 机房系统逻辑架构图

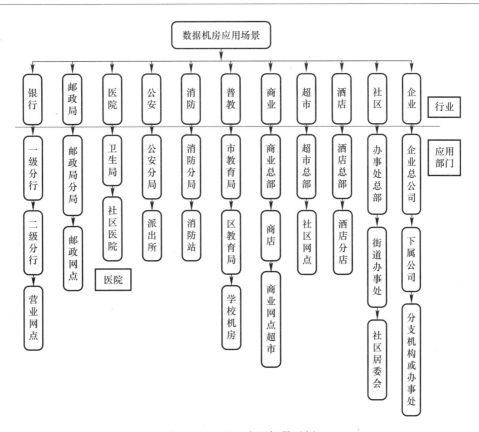

图 1-2　MMDC 应用场景示例

三、流程框图

流程框图见图 1-3。

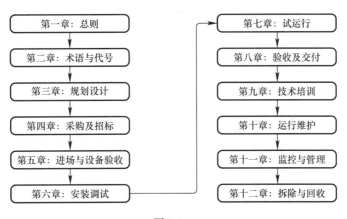

图 1-3

第二章 术语与代号

一、《MMDC 标准》原文

2 术语与代号

2.0.1 模块化微型数据机房 Micro-Modular Data Center（MMDC）

模块化微型数据机房是集供配电、不间断电源、照明、空调、给水排水、安防、通信、消防、防雷及接地、环境和设备监控、IT 设备等系统于一体，由 1 台～50 台机柜组成，或机房场地面积不大于 120m²，且单台 IT 机柜平均电量不大于 8kW/台的节能型机房。机房房间净高不应小于 2.3m、结构平均荷载为 4kN/m²～10kN/m²。

2.0.2 电源配电柜 Power Distribution Frame（PDF）

上级电源采用专用回路直接接入模块化微型数据机房的配电柜，用于 IT 柜、空调末端、机柜内部照明等用电负载的配电。可设置为独立配电柜或与不间断电源、空调单元集成的综合柜，其机柜深度、高度尺寸、外观工艺与 IT 机柜一致。

2.0.3 不间断电源系统 Uninterruptible Power System（UPS）

由变流器、开关和储能装置组合构成，在输入电源正常或中断时，输出交流或直流性能，在一定时间内，维持对负载供电的连续性。

2.0.4 电源分配单元 Power Distribution Unit（PDU）

内置于 IT 柜中的电源分配设备，其插座宜具备插头防脱落功能。

2.0.5 电能使用效率 Electric Energy Usage Effectiveness（EEUE）

模块化微型数据机房总电能消耗与信息设备电能消耗之间的比值。

2.0.6 信息技术设备 Information Technology Equipment（IT 设备）

模块化微型数据机房内计算、存储、交换和网络设备的统称。

2.0.7 总拥有成本 Total Cost of Ownership（TCO）

模块化微型数据机房全生命期内，建设投资费用和运营管理费用的总和。

2.0.8 投资回报率 Return On Investment（ROI）

投资所得的收益与成本间的百分比率，一般可分为总回报率和年回报率。

2.0.9 容错 Fault Tolerance

具有两套或两套以上的系统，在同一时刻，至少有一套系统在正常工作。按容错系统配置的基础设施，在经受住一次严重的突发设备故障或人为操作失误后，仍能满足电子信息设备正常运行的基本需求。

2.0.10 冗余 Redundancy

重复配置系统的部分或全部部件，当系统发生故障时，冗余配置的部件介入并承担故障部件的工作，由此延长系统的平均故障间隔时间。

2.0.11 接口 Interface

模块化微型数据机房内部、外部设备及系统之间交接，并通过它彼此作用的部分。

二、《MMDC 标准》引用的主要标准中的相关强制性条文

《MMDC 标准》引用的主要标准中的相关强制性条文 表 2-1

序号	规范名称	规范编号	条款号	实施日期
1	智能建筑设计标准	GB 50314—2015	4.6.6、4.7.6	2015.11.1
2	数据中心设计规范	GB 50174—2017	8.4.4、13.2.1、13.2.4、13.3.1	2018.1.1
3	建筑物电子信息系统防雷技术规范	GB 50343—2012	5.1.2、5.2.5、5.4.2、7.3.3	2012.12.1
4	消防通信指挥系统设计规范	GB 50313—2013	4.1.1、4.2.1、4.2.2、4.3.1、4.4.3、5.11.1、5.11.2	2013.10.1
5	安全防范工程技术标准	GB 50348—2018	1.0.6、6.1.3、6.1.5、6.6.4、6.6.5、6.12.4、6.13.1、6.13.3、6.14.2、6.14.3	2018.12.1
6	供配电系统设计规范	GB 50052—2009	3.0.1、3.0.3	2010.7.1
7	低压配电设计规范	GB 50054—2011	4.2.6、7.4.1	2012.6.1
8	建筑照明设计标准	GB 50034—2013	3.3.3、6.3.13	2014.6.1
9	建筑物防雷设计规范	GB 50057—2010	3.0.2、3.0.3、3.0.4、4.1.1、4.1.2、4.2.3、4.2.4、4.3.8、6.1.2	2011.10.1
10	建筑设计防火规范（2018 年版）	GB 50016—2014	5.5.23、8.1.7、8.4.1、10.3.3	2015.5.1
11	建筑机电工程抗震设计规范	GB 50981—2014	7.4.6	2015.8.1
12	建筑内部装修设计防火规范	GB 50222—2017	4.0.9、4.0.10	2018.4.1
13	智能建筑工程施工规范	GB 50606—2010	4.1.1、8.2.5、9.2.1、9.3.1	2011.2.1
14	智能建筑工程质量验收规范	GB 50339—2013	12.0.2、22.0.4	2014.2.1
15	建筑电气工程施工质量验收规范	GB 50303—2015	3.1.7、13.1.5、14.1.1、15.1.1	2016.8.1
16	数据中心基础设施施工及验收规范	GB 50462—2015	5.2.10、5.2.11、6.2.2	2016.8.1
17	建筑抗震设计规范	GB 50011—2010	1.0.2、3.2.2、3.2.2	2010.12.1
18	建筑消防设施的维护管理	GB 25201—2010	5.2、6.1.2、7.1.2、8.1、9.1.2	2011.3.1
19	火灾自动报警系统设计规范	GB 50116—2013	3.4.1、3.4.4、3.4.6、6.7.5	2014.5.1
20	民用建筑电气设计规范	JGJ 16—2008	14.9.4	2008.8.1
21	城市消防远程监控系统技术规范	GB 50440—2007	7.1.1	2008.1.1

序号	规范名称	规范编号	条款号	实施日期
22	消防控制室通用技术要求	GB 25506—2010	4.1、4.2.1、4.2.2、6.1、6.2、6.3、6.4、7.1、7.2、7.3、7.4、7.5、7.6、7.7	2011.7.1
23	互联网数据中心工程技术规范	GB 51195—2016	1.0.4、4.2.2	2017.4.1
24	综合布线系统工程设计规范	GB 50311—2016	4.1.2、4.1.3	2017.4.1
25	建筑电气工程电磁兼容技术规范	GB 51204—2016	8.3.5	2017.7.1

1. 《智能建筑设计标准》（GB 50314—2015）

4.6.6　总建筑面积大于 20000m² 的公共建筑或建筑高度超过 100m 的建筑所设置的应急响应系统，必须配置与上一级应急响应系统信息互联的通信接口。

4.7.6　机房工程紧急广播系统备用电源的连续供电时间，必须与消防疏散指示标志照明备用电源的连续供电时间一致。

2. 《数据中心设计规范》（GB 50174—2017）

8.4.4　数据中心内所有设备的金属外壳、各类金属管道、金属线槽、建筑物金属结构必须进行等电位联结并接地。

13.2.1　数据中心的耐火等级不应低于二级。

13.2.4　当数据中心位于其他建筑物内时，数据中心与建筑内其他功能用房之间应采用耐火极限不低于 2.0h 的防火隔墙和 1.5h 的楼板隔开，隔墙上门应采用甲级防火门。

13.3.1　采用管网式气体灭火系统或细水雾灭火系统的主机房，应同时设置两组独立的火灾探测器，火灾报警系统应与灭火系统和视频监控系统联动。

3. 《建筑物电子信息系统防雷技术规范》（GB 50343—2012）

5.1.2　需要保护的电子信息系统必须采取等电位连接与接地保护措施。

5.2.5　防雷接地与交流工作接地、直流工作接地、安全保护接地共用一组接地装置时，接地装置的接地电阻值必须按接入设备中要求的最小值确定。

5.4.2　电子信息系统设备由 TN 交流配电系统供电时，从建筑物内总配电柜（箱）开始引出的配电线路必须采用 TN-S 系统的接地形式。

7.3.3　检验不合格的项目不得交付使用。

4. 《消防通信指挥系统设计规范》（GB 50313—2013）

4.1.1　消防通信指挥系统应具有下列基本功能：

1　责任辖区和跨区域灭火救援调度指挥；

2　火场及其他灾害事故现场指挥通信；

3　通信指挥信息管理；

5　城市消防通信指挥系统应能集中接收和处理责任辖区火灾及以抢救人员生命为主的危险化学品泄漏、道路交通事故、地震及其次生灾害、建筑坍塌、重大安全生产事故、空难、爆炸及恐怖事件和群众遇险事件等灾害事故报警。

4.2.1　消防通信指挥系统应具有下列通信接口：

1　公安机关指挥中心的系统通信接口；

2 政府相关部门的系统通信接口；

3 灭火救援有关单位通信接口。

4.2.2 城市消防通信指挥系统应具有下列接收报警通信接口：

1 公网报警电话通信接口；

4.3.1 消防通信指挥系统的主要性能应符合下列要求：

1 能同时对2起以上火灾及以抢救人员生命为主的危险化学品泄漏、道路交通事故、地震及其次生灾害、建筑坍塌、重大安全生产事故、空难、爆炸及恐怖事件和群众遇险事件等灾害事故进行灭火救援调度指挥；

5 采用北京时间计时，计时最小量度为秒，系统内保持时钟同步；

6 城市消防通信指挥系统应能同时受理2起以上火灾及以抢救人员生命为主的危险化学品泄漏、道路交通事故、地震及其次生灾害、建筑坍塌、重大安全生产事故、空难、爆炸及恐怖事件和群众遇险事件等灾害事故报警；

7 城市消防通信指挥系统从接警到消防站收到第一出动指令的时间不应超过45s。

4.4.3 消防通信指挥系统的运行安全应符合下列要求：

1 重要设备或重要设备的核心部件应有备份；

2 指挥通信网络应相对独立、常年畅通；

4 系统软件不能正常运行时，能保证电话接警和调度指挥畅通；

5 火警电话呼入线路或设备出现故障时，能切换到火警应急接警电话线路或设备接警。

5.11.1 消防有线通信子系统应具有下列火警电话呼入线路：

1 与城市公用电话网相连的语音通信线路。

5.11.2 消防有线通信子系统应具有下列火警调度专用通信线路：

3 连通公安机关指挥中心和政府相关部门的语音、数据通信线路；

4 连通供水、供电、供气、医疗、救护、交通、环卫等灭火救援有关单位的语音通信线路。

5. 《安全防范工程技术标准》（GB 50348—2018）

1.0.6 在涉及国家安全、国家秘密的特殊领域开展安全防范工程建设，应按照相关管理要求，严格安全准入机制，选用安全可控的产品设备和符合要求的专业设计、施工和服务队伍。

6.1.3 安全防范工程的设计除应满足系统的安全防范效能外，还应满足紧急情况下疏散通道人员疏散的需要。

6.1.5 高风险保护对象安全防范工程的设计应结合人防能力配备防护、防御和对抗性设备、设施和装备。

6.6.4 安全防范系统的设计应保证系统的信息安全性，并应符合下列规定：

3 应有防病毒和防网络入侵的措施；

5 系统运行的密钥或编码不应是弱口令，用户名和操作密码组合应不同；

6 当基于不同传输网络的系统和设备联网时，应采取相应的网络边界安全管理措施；

6.6.5 安全防范系统的设计应考虑系统的防破坏能力，并应符合下列规定：

1 入侵和紧急报警系统应具备防拆、断路、短路报警功能；

3 系统供电暂时中断恢复供电后，系统应能自动恢复原有工作状态，该功能应能人工设定；

6.12.4 备用电源和供电保障规划设计应符合下列规定：

3 安全等级4级的出入口控制点执行装置为断电开启的设备时，在满负荷状态下，备用电源应能确保该执行装置正常运行不应小于72h。

6.13.1 传输方式的选择应符合下列规定：

4 高风险保护对象的安全防范工程应采用专用传输网络〔专线和（或）虚拟专用网〕。

6.13.3 传输设备选型应符合下列规定：

2 无线发射装置、接收装置的发射频率、功率应符合国家无线电管理的有关规定。

6.14.2 监控中心的自身防护应符合下列规定：

1 监控中心应有保证自身安全的防护措施和进行内外联络的通信手段，并应设置紧急报警装置和留有向上一级接处警中心报警的通信接口；

2 监控中心出入口应设置视频监控和出入口控制装置；监视效果应能清晰显示监控中心出入口外部区域的人员特征及活动情况；

3 监控中心内应设置视频监控装置，监视效果应能清晰显示监控中心内人员活动的情况；

4 应对设置在监控中心的出入口控制系统管理主机、网络接口设备、网络线缆等采取强化保护措施。

6.14.3 监控中心的环境应符合下列规定：

2 监控中心的疏散门应采用外开方式，且应自动关闭，并应保证在任何情况下均能从室内开启。

6.《供配电系统设计规范》（GB 50052—2009）

3.0.1 电力负荷应根据对供电可靠性的要求及中断供电在对人身安全、经济损失上所造成的影响程度进行分级，并应符合下列规定：

1 符合下列情况之一时，应视为一级负荷。

1）中断供电将造成人身伤害时。

2）中断供电将在经济上造成重大损失时。

3）中断供电将影响重要用电单位的正常工作。

2 在一级负荷中，当中断供电将造成人员伤亡或重大设备损坏或发生中毒、爆炸和火灾等情况的负荷，以及特别重要场所的不允许中断供电的负荷，应视为一级负荷中特别重要的负荷。

3 符合下列情况之一时，应视为二级负荷。

1）中断供电将在经济上造成重大损失时。

2）中断供电将影响较重要用电单位的正常工作。

4 不属于一级和二级负荷者应为三级负荷。

3.0.3 一级负荷中特别重要的负荷供电，应符合下列要求：

1 除应由双重电源供电外，尚应增设应急电源，并严禁将其他负荷接入应急供电系统。

2 设备的供电电源的切换时间，应满足设备允许中断供电的要求。

7.《低压配电设计规范》（GB 50054—2011）

4.2.6 配电室通道上方裸带电体距地面的高度不应低于2.5m；当低于2.5m时，应设置不低于国家标准《外壳防护等级（IP 代码）》（GB 4208—2017）规定的 IP××B 级或 IP2×级的遮拦或外护物，遮拦或外护物底部距地面的高度不应低于 2.2m。

7.4.1 除配电室外，无遮护的裸导体至地面的距离，不应小于 3.5m；采用防护等级不低于国家标准《外壳防护等级（IP 代码）》（GB 4208—2017）规定的 IP2×的网孔遮拦时，不应小于 2.5m。网状遮拦与裸导体的间距，不应小于 100mm；板状遮拦与裸导体的间距，不应小于 50mm。

8.《建筑照明设计标准》（GB 50034—2013）

3.3.3 各种场所严禁采用防触电类别为 0 类的灯具。

6.3.13 公共和工业建筑非爆炸危险场所通用房间或场所照明功率密度限值应符合表 6.3.13 的规定。

公共和工业建筑通用房间或场所照明功率密度限值　　　　　表 6.3.13

房间或场所	照度标准值（lx）	照明功率密度限值（W/m²）	
		现行值	目标值
电话站、网络中心、计算机站	500	≤15.0	≤13.5

9.《建筑物防雷设计规范》（GB 50057—2010）

3.0.2 在可能发生对地闪击的地区，遇下列情况之一时，应划为第一类防雷建筑物：

1）凡制造、使用或贮存火炸药及其制品的危险建筑物，因电火花而引起爆炸、爆轰，会造成巨大破坏和人身伤亡者。

2）具有 0 区或 20 区爆炸危险场所的建筑物。

3）具有 1 区或 21 区爆炸危险场所的建筑物，因电火花而引起爆炸，会造成巨大破坏和人身伤亡者。

3.0.3 在可能发生对地闪击的地区，遇下列情况之一时，应划为第二类防雷建筑物：

1）国家级重点文物保护的建筑物。

2）国家级的会堂、办公建筑物、大型展览和博览建筑物、大型火车站和飞机场、国宾馆，国家级档案馆、大型城市的重要给水泵房等特别重要的建筑物。

注：飞机场不含停放飞机的露天场所和跑道。

3）国家级计算中心、国际通信枢纽等对国民经济有重要意义的建筑物。

4）国家特级和甲级大型体育馆。

5）制造、使用或贮存火炸药及其制品的危险建筑物，且电火花不易引起爆炸或不致造成巨大破坏和人身伤亡者。

6）具有 1 区或 21 区爆炸危险场所的建筑物，且电火花不易引起爆炸或不致造成巨大破坏和人身伤亡者。

7）具有 2 区或 22 区爆炸危险场所的建筑物。

8）有爆炸危险的露天钢质封闭气罐。

9）预计雷击次数大于 0.05 次/a 的部、省级办公建筑物和其他重要或人员密集的公共建筑物以及火灾危险场所。

10）预计雷击次数大于 0.25 次/a 的住宅、办公楼等一般性民用建筑物或一般性工业建筑物。

3.0.4　在可能发生对地闪击的地区，遇下列情况之一时，应划为第三类防雷建筑物：

1）省级重点文物保护的建筑物及省级档案馆。

2）预计雷击次数大于或等于 0.01 次/a，且小于或等于 0.05 次/a 的部、省级办公建筑物和其他重要或人员密集的公共建筑物，以及火灾危险场所。

3）预计雷击次数大于或等于 0.05 次/a，且小于或等于 0.25 次/a 的住宅、办公楼等一般性民用建筑物或一般性工业建筑物。

4）在平均雷暴日大于 15d/a 的地区，高度在 15m 及以上的烟囱、水塔等孤立的高耸建筑物；在平均雷暴日小于或等于 15d/a 的地区，高度在 20m 及以上的烟囱、水塔等孤立的高耸建筑物。

4.1.1　各类防雷建筑物应设防直击雷的外部防雷装置，并应采取防闪电电涌侵入的措施。

第一类防雷建筑物和本规范第 3.0.3 条第 5～7 款所规定的第二类防雷建筑物，尚应采取防闪电感应的措施。

4.1.2　各类防雷建筑物应设内部防雷装置，并应符合下列规定：

1　在建筑物的地下室或地面层处，下列物体应与防雷装置做防雷等电位连接：

1）建筑物金属体。

2）金属装置。

3）建筑物内系统。

4）进出建筑物的金属管线。

2　除本条第 1 款的措施外，外部防雷装置与建筑物金属体、金属装置、建筑物内系统之间，尚应满足间隔距离的要求。

4.2.3　第一类防雷建筑物防闪电电涌侵入的措施应符合下列规定：

1　室外低压配电线路应全线采用电缆直接埋地敷设，在入户处应将电缆的金属外皮、钢管接到等电位连接带或防闪电感应的接地装置上。

2　当全线采用电缆有困难时，应采用钢筋混凝土杆和铁横担的架空线，并应使用一段金属铠装电缆或护套电缆穿钢管直接埋地引入。架空线与建筑物的距离不应小于 15m。

在电缆与架空线连接处，尚应装设户外型电涌保护器。电涌保护器、电缆金属外皮、钢管和绝缘子铁脚、金具等应连在一起接地，其冲击接地电阻不应大于 30Ω。所装设的电涌保护器应选用 I 级试验产品，其电压保护水平应小于或等于 2.5kV，其每一保护模式应选冲击电流等于或大于 10kA；若无户外型电涌保护器，应选用户内型电涌保护器，其使用温度应满足安装处的环境温度，并应安装在防护等级 IP54 的箱内。

当电涌保护器的接线形式为本规范表 J.1.2 中的接线形式 2 时，接在中性线和 PE 线间电涌保护器的冲击电流，当为三相系统时不应小于 40kA，当为单相系统时不应小于 20kA。

4.2.4　当建筑物高度超过 30m 时，首先应沿屋顶周边敷设接闪带，接闪带应设在外墙外表面或屋檐边垂直面上，也可设在外墙外表面或屋檐边垂直面外，并应符合下列规定：

8　在电源引入的总配电箱处应装设 I 级试验的电涌保护器。电涌保护器的电压保护水平值应小于或等于 2.5kV。每一保护模式的冲击电流值，当无法确定时，冲击电流应取等于或大于 12.5kA。

4.3.8 防止雷电流流经引下线和接地装置时产生的高电位对附近金属物或电气和电子系统线路的反击，应符合下列规定：

4 在电气接地装置与防雷接地装置共用或相连的情况下，应在低压电源线路引入的总配电箱、配电柜处装设Ⅰ级试验的电涌保护器。电涌保护器的电压保护水平值应小于或等于 2.5kV。每一保护模式的冲击电流值，当无法确定时应取等于或大于 12.5kA。

5 当 Yyn0 型或 Dyn11 型接线的配电变压器设在本建筑物内或附设于外墙处时，应在变压器高压侧装设避雷器；在低压侧的配电屏上，当有线路引出本建筑物至其他有独自敷设接地装置的配电装置时，应在母线上装设Ⅰ级试验的电涌保护器，电涌保护器每一保护模式的冲击电流值，当无法确定时冲击电流应取等于或大于 12.5kA；当无线路引出本建筑物时，应在母线上装设Ⅱ级试验的电涌保护器，电涌保护器每一保护模式的标称放电电流值应等于或大于 5kA。电涌保护器的电压保护水平值应小于或等于 2.5kV。

6.1.2 当电源采用 TN 系统时，从建筑物总配电箱起供电给本建筑物内的配电线路和分支线路必须采用 TN-S 系统。

10.《建筑设计防火规范》（GB 50016—2014（2018 年版））

5.5.23 建筑高度大于 100m 的公共建筑，应设置避难层（间）。避难层（间）应符合下列规定：

4 避难层可兼作设备层。设备管道宜集中布置，其中的易燃、可燃液体或气体管道应集中布置，设备管道区应采用耐火极限不低于 3.00h 的防火隔墙与避难区分隔。管道井和设备间应采用耐火极限不低于 2.00h 的防火隔墙与避难区分隔，管道井和设备间的门不应直接开向避难区；确需直接开向避难区时，与避难层区出入口的距离不应小于 5m，且应采用甲级防火门。

避难间内不应设置易燃、可燃液体或气体管道，不应开设除外窗、疏散门之外的其他开口；

7 应设置消防专线电话和应急广播；

8 在避难层（间）进入楼梯间的入口处和疏散楼梯通向避难层（间）的出口处，应设置明显的指示标志。

8.1.7 设置火灾自动报警系统和需要联动控制的消防设备的建筑（群）应设置消防控制室。消防控制室的设置应符合下列规定：

1 单独建造的消防控制室，其耐火等级不应低于二级；

3 不应设置在电磁场干扰较强及其他可能影响消防控制设备正常工作的房间附近；

4 疏散门应直通室外或安全出口。

8.4.1 下列建筑或场所应设置火灾自动报警系统：

1 任一层建筑面积大于 1500m² 或总建筑面积大于 3000m² 的制鞋、制衣、玩具、电子等类似用途的厂房；

2 每座占地面积大于 1000m² 的棉、毛、丝、麻、化纤及其制品的仓库，占地面积大于 500m² 或总建筑面积大于 1000m² 的卷烟仓库；

3 任一层建筑面积大于 1500m² 或总建筑面积大于 3000m² 的商店、展览、财贸金融、客运和货运等类似用途的建筑，总建筑面积大于 500m² 的地下或半地下商店；

4 图书或文物的珍藏库，每座藏书超过 50 万册的图书馆，重要的档案馆；

5　地市级及以上广播电视建筑、邮政建筑、电信建筑，城市或区域性电力、交通和防灾等指挥调度建筑；

6　特等、甲等剧场，座位数超过 1500 个的其他等级的剧场或电影院，座位数超过 2000 个的会堂或礼堂，座位数超过 3000 个的体育馆；

7　大、中型幼儿园的儿童用房等场所，老年人照料设施，任一层建筑面积 1500m² 或总建筑面积大于 3000m² 的疗养院的病房楼、旅馆建筑和其他儿童活动场所，不少于 200 床位的医院门诊楼、病房楼和手术部等；

8　歌舞娱乐放映游艺场所；

9　净高大于 2.6m 且可燃物较多的技术夹层，净高大于 0.8m 且有可燃物的闷顶或吊顶内；

10　电子信息系统的主机房及其控制室、记录介质库，特殊贵重或火灾危险性大的机器、仪表、仪器设备室、贵重物品库房；

11　二类高层公共建筑内建筑面积大于 50m² 的可燃物品库房和建筑面积大于 500m² 的营业厅；

12　其他一类高层公共建筑；

13　设置机械排烟、防烟系统，雨淋或预作用自动喷水灭火系统，固定消防水炮灭火系统、气体灭火系统等需与火灾自动报警系统联锁动作的场所或部位。

注：老年人照料设施中的老年人用房及其公共走道，均应设置火灾探测器和声警报装置或消防广播。

10.3.3　消防控制室、消防水泵房、自备发电机房、配电室、防排烟机房以及发生火灾时仍需正常工作的消防设备房应设置备用照明，其作业面的最低照度不应低于正常，照明的照度。

11.《建筑机电工程抗震设计规范》（GB 50981—2014）

7.4.6　设在建筑物屋顶上的共用天线应采取防止因地震导致设备或其部件损坏后坠落伤人的安全防护措施。

12.《建筑内部装修设计防火规范》（GB 50222—2017）

4.0.9　消防水泵房、机械加压送风排烟机房、固定灭火系统钢瓶间、配电室、变压器室、发电机房、储油间、通风和空调机房等，其内部所有装修均应采用 A 级装修材料。

4.0.10　消防控制室等重要房间，其顶棚和墙面应采用 A 级装修材料，地面及其他装修应采用不低于 B₁ 级的装修材料。

13.《智能建筑工程施工规范》（GB 50606—2010）

4.1.1　电力线缆和信号线缆严禁在同一线管内敷设。

8.2.5

10　用于火灾隐患区的扬声器应由阻燃材料制成或采用阻燃后罩；广播扬声器在短期喷淋的条件下应能正常工作。

9.2.1

3　当广播系统具备消防应急广播功能时，应采用阻燃线槽、阻燃线管和阻燃线缆敷设。

9.3.1

2　当广播系统具有紧急广播功能时，其紧急广播应由消防分机控制，并应具有最高优先权；在火灾和突发事故发生时，应能强制切换为紧急广播并以最大音量播出。系统应能在手动或警报信号触发的10s内，向相关广播区播放警示信号（含警笛）、警报语声文件或实时指挥语声。以现场环境噪声为基准，紧急广播的信噪比不应小于15dB。

14.《智能建筑工程质量验收规范》（GB 50339—2013）

12.0.2　当紧急广播系统具有火灾应急广播功能时，应检查传输线缆、槽盒和导管的防火保护措施。

22.0.4　智能建筑的接地系统必须保证建筑内各智能化系统的正常运行和人身、设备安全。

15.《建筑电气工程施工质量验收规范》（GB 50303—2015）

3.1.7　电气设备的外露可导电部分应单独与保护导体相连接，不得串联连接，连接导体的材质、截面积应符合设计要求。

13.1.5　交流单芯电缆或分相后的每相电缆不得单根独穿于钢导管内，固定用的夹具和支架不应形成闭合磁路。

14.1.1　同一交流回路的绝缘导线不应敷设于不同的金属槽盒内或穿于不同金属导管内。

15.1.1　塑料护套线严禁直接敷设在建筑物顶棚内、墙体内、抹灰层内、保温层内或装饰面。

16.《数据中心基础设施施工及验收规范》（GB 50462—2015）

5.2.10　含有腐蚀性物质的铅酸类蓄电池，安装时必须采取佩戴防护装具以及安装排气装置等防护措施。

5.2.11　电池汇流排裸露的必须采取加装绝缘护板的防护措施。

6.2.2　数据中心区域内外露的不带电的金属物必须与建筑物进行等电位连接。

17.《建筑抗震设计规范》（GB 50011—2010）

1.0.2　抗震设防烈度为6度及以上地区的建筑，必须进行抗震设计。

3.2.2　抗震设防烈度和设计基本地震加速度取值的对应关系，应符合表3.2.2的规定。设计基本地震加速度为0.15g和0.30g地区内的建筑，除本规范另有规定外，应分别按抗震设防烈度7度和8度的要求进行抗震设计。

抗震设防烈度和设计基本地震加速度值的对应关系　　　　　　表3.2.2

抗震设防烈度	6	7	8	9
设计基本地震加速度值	0.05g	0.10（0.15）g	0.20（0.30）g	0.40g

注：g为重力加速度。

18.《建筑消防设施的维护管理》（GB 25201—2010）

5.2　消防控制室值班人员应通过消防行业特有工种职业技能鉴定，持有初级技能以上等级的职业资格证书。

6.1.2　从事建筑消防设施巡查的人员，应通过消防行业特有工种职业技能鉴定，持有初级技能以上等级的资格证书。

7.1.2　从事建筑消防设施检测的人员，应当通过消防行业特有工种职业技能鉴定，持有高级技能以上等级的职业资格证书。

8.1　从事建筑消防设施维修的人员，应当通过消防行业特有工种职业技能鉴定，持有技师以上等级职业资格证书。

9.1.2 从事建筑消防设施保养的人员，应通过消防行业特有工种职业技能鉴定，持有高级技能以上等级职业资格证书。

19.《火灾自动报警系统设计规范》（GB 50116—2013）

3.4.1 具有消防联动功能的火灾自动报警系统的保护对象中应设置消防控制室。

3.4.4 消防控制室应有相应的竣工图纸、各分系统控制逻辑关系说明、设备使用说明书、系统操作规程、应急预案、值班制度、维护保养制度及值班记录等文件资料。

3.4.6 消防控制室内严禁穿过与消防设施无关的电气线路及管路。

6.7.5 消防控制室、消防值班室或企业消防站等处，应设置可直接报警的外线电话。

20.《民用建筑电气设计规范》（JGJ 16—2008）

14.9.4 系统监控中心应设置为禁区，应有保证自身安全的防护措施和进行内外联络的通信手段，并应设置紧急报警装置和留有向上一级接处警中心报警的通信接口。

21.《城市消防远程监控系统技术规范》（GB 50440—2007）

7.1.1 远程监控系统竣工后必须进行工程验收。工程验收前接入的测试联网用户数量应选择 5～10 个，验收不合格不得投入使用。

22.《消防控制室通用技术要求》（GB 25506—2010）

4　资料和管理要求

4.1　消防控制室资料

消防控制室内应保存下列纸质和电子档案资料：

a）建（构）筑物竣工后的总平面布局图、建筑消防设施平面布置图、建筑消防设施系统图及安全出口布置图、重点部位位置图等；

b）消防安全管理规章制度、应急灭火预案、应急疏散预案等；

c）消防安全组织结构图，包括消防安全责任人、管理人、专职、义务消防人员等内容；

d）消防安全培训记录、灭火和应急疏散预案的演练记录；

e）值班情况、消防安全检查情况及巡查情况的记录；

f）消防设施一览表，包括消防设施的类型、数量、状态等内容；

g）消防系统控制逻辑关系说明、设备使用说明书、系统操作规程、系统和设备维护保养制度等；

h）设备运行状况、接报警记录、火灾处理情况、设备检修检测报告等资料，这些资料应能定期保存和归档。

4.2　消防控制室管理及应急程序

4.2.1 消防控制室管理应符合下列要求：

a）应实行每日 24h 专人值班制度，每班不应少于 2 人，值班人员应持有消防控制室操作职业资格证书；

b）消防设施日常维护管理应符合 GB 25201 的要求；

c）应确保火灾自动报警系统、灭火系统和其他联动控制设备处于正常工作状态，不得将应处于自动状态的设在手动状态；

d）应确保高位消防水箱、消防水池、气压水罐等消防储水设施水量充足，确保消防泵出水管阀门、自动喷水灭火系统管道上的阀门常开；确保消防水泵、防排烟风机、防火卷帘等消防用电设备的配电柜启动开关处于自动位置（通电状态）。

4.2.2 消防控制室的值班应急程序应符合下列要求：

a) 接到火灾警报后，值班人员应立即以最快方式确认；

b) 火灾确认后，值班人员应立即确认火灾报警联动控制开关处于自动状态，同时拨打"119"报警，报警时应说明着火单位地点、起火部位、着火物种类、火势大小、报警人姓名和联系电话；

c) 值班人员应立即启动单位内部应急疏散和灭火预案，并同时报告单位负责人。

6 消防控制室图形显示装置的信息记录要求

6.1 应记录附录 A 中规定的建筑消防设施运行状态信息，记录容量不应少于 10000 条，记录备份后方可被覆盖。

6.2 应具有产品维护保养的内容和时间、系统程序的进入和退出时间、操作人员姓名或代码等内容的记录，存储记录容量不应少于 10000 条，记录备份后方可被覆盖。

6.3 应记录附录 B 中规定的消防安全管理信息及系统内各个消防设备（设施）的制造商、产品有效期，记录容量不应少于 10000 条，记录备份后方可被覆盖。

6.4 应能对历史记录打印归档或刻录存盘归档。

7 信息传输要求

7.1 消防控制室图形显示装置应能在接收到火灾报警信号或联动信号后 10s 内将相应信息按规定的通信协议格式传送给监控中心。

7.2 消防控制室图形显示装置应能在接收到建筑消防设施运行状态信息后 100s 内将相应信息按规定的通信协议格式传送给监控中心。

7.3 当具有自动向监控中心传输消防安全管理信息功能时，消防控制室图形显示装置应能在发出传输信息指令后 100s 内将相应信息按规定的通信协议格式传送给监控中心。

7.4 消防控制室图形显示装置应能接收监控中心的查询指令并按规定的通信协议格式将附录 A、附录 B 规定的信息传送给监控中心。

7.5 消防控制室图形显示装置应有信息传输指示灯，在处理和传输信息时，该指示灯应闪亮，在得到监控中心的正确接收确认后，该指示灯应常亮并保持直至该状态复位。当信息传送失败时应有声、光指示。

7.6 火灾报警信息应优先于其他信息传输。

7.7 信息传输不应受保护区域内消防系统及设备任何操作的影响。

23.《互联网数据中心工程技术规范》（GB 51195—2016）

1.0.4 在我国抗震设防烈度 7 度以上（含 7 度）地区 IDC 工程中使用的主要电信设备必须经电信设备抗震性能检测合格。

4.2.2 施工开始以前必须对机房的安全条件进行全面检查，应符合下列规定：

1 机房内必须配备有效的灭火消防器材，机房基础设施中的消防系统工程应施工完毕，并应具备保持性能良好，满足 IT 设备系统安装、调测施工要求的使用条件。

2 楼板预留孔洞应配置非燃烧材料的安全盖板，已用的电缆走线孔洞应用非燃烧材料封堵。

3 机房内严禁存放易燃、易爆等危险物品。

4 机房内不同电压的电源设备、电源插座应有明显区别标志。

24.《综合布线系统工程设计规范》(GB 50311—2016)

4.1.2 光纤到用户单元通信设施工程的设计必须满足多家电信业务经营者平等接入、用户单元内的通信业务使用者可自由选择电信业务经营者的要求。

4.1.3 新建光纤到用户单元通信设施工程的地下通信管道、配线管网、电信间、设备间等通信设施,必须与建筑工程同步建设。

25.《建筑电气工程电磁兼容技术规范》(GB 51204—2016)

8.3.5 电源滤波器金属外壳必须与电磁屏蔽室的金属屏蔽层做可靠的电气连接并接地。

三、《MMDC 标准》引用的主要标准中的常用条款(非强制性条文)

《MMDC 标准》引用的主要标准中的常用条款(非强制性条文)汇总表 表 2-2

序号	规范名称	规范编号	条款号	实施日期
1	数据中心设计规范	GB 50174—2017	4.3.1、4.3.2、4.3.3、4.3.4、8.4.8、13.1.1、13.1.5、13.2.1、13.2.4	2018.1.1
2	建筑物电子信息系统防雷技术规范	GB 50343—2012	5.1.3、5.4.3、5.4.4、5.5.2、6.5.1、6.5.2、6.5.3	2012.12.1
3	建筑照明设计标准	GB 50034—2013	5.3.7、5.3.11	2014.6.1
4	建筑内部装修设计防火规范	GB 50222—2017	3.0.2、3.0.3、3.0.4	2018.4.1
5	房屋建筑和市政工程项目电子招标投标系统技术标准	JGJ/T 393—2017	3.2.2、3.2.3	2017.7.1
6	计算机场地通用规范	GB/T 2887—2011	4.6.3、7.1	2011.11.1
7	建筑装饰装修工程质量验收标准	GB 50210—2018	3.3.11、9.5.3	2018.9.1
8	信息系统安全等级保护基本要求	GB/T 22239—2008	4.2	2018.11.1
9	数据中心基础设施运行维护标准	GB/T 51314—2018	4.4.1、5.4.1、5.4.2	2019.3.1
10	信息安全技术信息系统安全运维管理指南	GB/T 36626—2018	5.4、7.1.3	2019.3.1

1.《数据中心设计规范》(GB 50174—2017)

4.3.1 数据中心内的各类设备应根据工艺设计进行布置,应满足系统运行、运行管理、人员操作和安全、设备和物料运输、设备散热、安装和维护的要求。

4.3.2 容错系统中相互备用的设备应布置在不同的物理隔间内,相互备用的管线宜沿不同路径敷设。

4.3.3 当机柜(架)内的设备为前进风(后出风)冷却方式,且机柜自身结构未采用封闭冷风通道或封闭热风通道方式时,机柜(架)的布置宜采用面对面、背对背方式。

4.3.4 主机房内通道与设备间的距离应符合下列规定:

1 用于搬运设备的通道净宽不应小于 1.5m;

2 面对面布置的机柜(架)正面之间的距离不宜小于 1.2m;

3 背对背布置的机柜(架)背面之间的距离不宜小于 0.8m;

4 当需要在机柜(架)侧面和后面维修测试时,机柜(架)与机柜(架)、机柜(架)与墙之间的距离不宜小于 1.0m;

5 成行排列的机柜(架),其长度超过 6m 时,两端应设有通道;当两个通道之间的距离大于 15m 时,在两个通道之间还应增加通道。通道的宽度不宜小于 1m,局部可为 0.8m。

8.4.8　等电位联结带、接地线和等电位联结导体的材料和最小截面积应符合表8.4.8的要求。

等电位联结带、接地线和等电位联结导体的材料和最小截面积　　表8.4.8

名称	材料	最小截面积（mm²）
等电位联结结带	铜	50
利用建筑内的钢筋做接地线	铁	50
单独设置接地线	铜	25
等电位联结导体（等电位联结结带至接地汇集排或至其他等电位联结带，各地汇集排之间）	铜	16
等电位联结导体（从机房内各金属装置至等电位联结带或接地汇集排，从机柜至等电位联结网格）	铜	6

13.1.1　数据中心防火和灭火系统设计，除应符合本规范的规定外，尚应符合现行国家标准《建筑设计防火规范》（GB 50016—2014）、《气体灭火系统设计规范》（GB 50370—2005）、《细水雾灭火系统技术规范》（GB 50898—2013）和《自动喷水灭火系统设计规范》（GB 50084—2017）。

13.1.5　数据中心应设置火灾自动报警系统，并应符合现行国家标准《火灾自动报警系统设计规范》GB 50116 的有关规定。

2.《建筑物电子信息系统防雷技术规范》（GB 50343—2012）

5.1.3　建筑物电子信息系统应根据需要保护的设备数量、类型、重要性、耐冲击电压额定值及所要求的电磁场环境等情况选择下列雷电电磁脉冲的防护措施：

1　等电位连接和接地；

2　磁场屏蔽；

3　合理布线；

4　能量配合的浪涌保护器防护。

5.4.3　电源线路浪涌保护器的选择应符合下列规定：

1　配电系统中设备的耐冲击电压额定值 U_w 可按表5.4.3-1规定选用。

220V/380V 三相配电系统中各种设备耐冲击电压额定值 U_w　　表 5.4.3-1

设备位置	电源进线端设备	配电线路设备	用电设备	需要保护的电子信息设备
耐冲击电压类别	Ⅵ类	Ⅲ类	Ⅱ类	Ⅰ类
U_w(kV)	6	4	2.5	1.5

2　浪涌保护器的最大持续工作电压 U_c 不应低于表5.4.3-2规定的值。

浪涌保护器的最小 U_c 值　　表 5.4.3-2

浪涌保护器安装位置	配电网络的系统特征				
	TT 系统	TN-C 系统	TN-S 系统	引出中性线的 IT 系统	无中性线引出的 IT 系统
每一相线与中性线间	$1.15U_0$	不适用	$1.15U_0$	$1.15U_0$	不适用
每一相线与 PE 线间	$1.15U_0$	不适用	$1.15U_0$	$\sqrt{3}U_0^*$	线电压 *
中性线与 PE 线间	U_0^*	不适用	U_0^*	U_0^*	不适用
每一相线与 PEN 线间	不适用	$1.15U_0$	不适用	不适用	不适用

注：1　标有 * 的值是故障下最坏的情况，所以不需计及15%的允许误差；

　　2　U_0 是低压系统相线对中性线的标称电压，即相电压220V；

　　3　此表适用于符合现行国家标准《低压电涌保护器（SPD）第 1 部分：低压配电系统的电涌保护器性能要求和试验方法》GB 18802.1 的浪涌保护器产品。

5.4.4 信号线路浪涌保护器的选择应符合下列规定：

1 电子信息系统信号线路浪涌保护器应根据线路的工作频率、传输速率、传输带宽、工作电压、接口形式和特性阻抗等参数，选择插入损耗小、分布电容小、并与纵向平衡、近端串扰指标适配的浪涌保护器。U_c 应大于线路上的最大工作电压 1.2 倍，U_p 应低于被保护设备的耐冲击电压额定值 U_w。

5.5.2 信息网络系统的防雷与接地应符合下列规定：

1 进、出建筑物的传输线路上，在 LPZ0$_A$ 或 LPZ0$_B$ 与 LPZ1 的边界处应设置适配的信号线路浪涌保护器。被保护设备的端口处宜设置适配的信号浪涌保护器。网络交换机、集线器、光电端机的配电箱内，应加装电源浪涌保护器。

2 入户处浪涌保护器的接地线应就近接至等电位接地端子板；设备处信号浪涌保护器的接地线宜采用截面积不小于 1.5mm² 的多股绝缘铜导线连接到机架或机房等电位连接网络上。计算机网络的安全保护接地、信号工作地、屏蔽接地、防静电接地和浪涌保护器的接地等均应与局部等电位连接网络连接。

6.5.1 电源线路浪涌保护器的安装应符合下列规定：

1 电源线路的各级浪涌保护器应分别安装在线路进入建筑物的入口、防雷区的界面和靠近被保护设备处。各级浪涌保护器连接导线应短直，其长度不宜超过 0.5m，并固定牢靠。浪涌保护器各接线端应在本级开关、熔断器的下桩头分别与配电箱内线路的同名端相线连接，浪涌保护器的接地端应以最短距离与所处防雷区的等电位接地端子板连接。配电箱的保护接地线（PE）应与等电位接地端子板直接连接。

2 带有接线端子的电源线路浪涌保护器应采用压接；带有接线柱的浪涌保护器宜采用接线端子与接线柱连接。

3 浪涌保护器的连接导线最小截面积宜符合表 6.5.1 的规定。

浪涌保护器连接导线最小截面积　　　　表 6.5.1

SPD 级数	SPD 的类型	导线截面积（mm²）	
		SPD 连接相线铜导线	SPD 接地端连接铜导线
第一级	开关型或限压型	6	10
第二级	限压型	4	6
第三级	限压型	2.5	4
第四级	限压型	2.5	4

注：组合型 SPD 参照相应级数的截面积选择。

6.5.2 天馈线路浪涌保护器的安装应符合下列规定：

1 天馈线路浪涌保护器应安装在天馈线与被保护设备之间，宜安装在机房内设备附近或机架上，也可以直接安装在设备射频端口上；

2 天馈线路浪涌保护器的接地端应采用截面积不小于 6mm² 的铜芯导线就近连接到 LPZ0$_A$ 或 LPZ0$_B$ 与 LPZ1 交界处的等电位接地端子板上，接地线应短直。

6.5.3 信号线路浪涌保护器的安装应符合下列规定：

1 信号线路浪涌保护器应连接在被保护设备的信号端口上。浪涌保护器可以安装在机柜内，也可以固定在设备机架或附近的支撑物上。

2 信号线路浪涌保护器接地端宜采用截面积不小于 1.5mm² 的铜芯导线与设备机房

等电位连接网络连接，接地线应短直。

3.《建筑照明设计标准》（GB 50034—2013）

5.3.7 教育建筑照明标准值应符合表5.3.7的规定。

教育建筑照明标准值　　　　　　　　　　　　　　　表5.3.7

房间或场所	参考平面或其高度	照度标准值（lx）	UGR	U_0	R_0
电子信息机房	0.75m 水平面	500	19	0.60	80

5.3.11 金融建筑照明标准值应符合表5.3.11的规定。

金融建筑照明标准值　　　　　　　　　　　　　　　表5.3.11

房间及场所	参考平面及其高度	照度标准值（lx）	UGR	U_0	R_0
数据中心主机房	0.75m 水平面	500	19	0.60	80

4.《建筑内部装修设计防火规范》（GB 50222—2017）

3.0.2 装修材料按其燃烧性能应划分为四级，并应符合本规范表3.0.2的规定。

装修材料燃烧性能等级　　　　　　　　　　　　　　表3.0.2

等级	装修材料燃烧性能
A	不燃性
B_1	难燃性
B_2	可燃性
B_3	易燃性

3.0.3 装修材料的燃烧性能等级应按现行国家标准《建筑材料及制品燃烧性能分级》GB 8624 的有关规定，经检测确定。

3.0.4 安装在金属龙骨上燃烧性能达到 B_1 级的纸面石膏板、矿棉吸声板，可作为 A 级装修材料使用。

5.《房屋建筑和市政工程项目电子招标投标系统技术标准》（JGJ/T 393—2017）

3.2.2 房屋建筑和市政工程项目电子招标投标系统流程应包含招标、投标、开标、评标、定标五个环节，各环节间的相互关系应符合图3.2.2的规定。

3.2.3 各环节中产生的招标项目数据、招标文件、招标公告与资格预审公告、开标记录、评标报告、对评标委员会评价、中标候选人公示、中标结果公示、中标通知书和招标结果通知书应能推送给公共服务平台。各环节中产生的需要备案的信息应能推送给行政监督平台。

6.《计算机场地通用规范》（GB/T 2887—2011）

4.6.3 照明

4.6.3.1 正常照明

计算机机房、数据处理间照度不应低于300lx，其他房间照度不应低于200lx。

4.6.3.2 应急照明

主要工作间、基本工作房间、第一类辅助房间应设应急照明，其照度不应低于50lx。

主要通道及有关房间依据需要应设应急照明，其照度不应低于5lx。

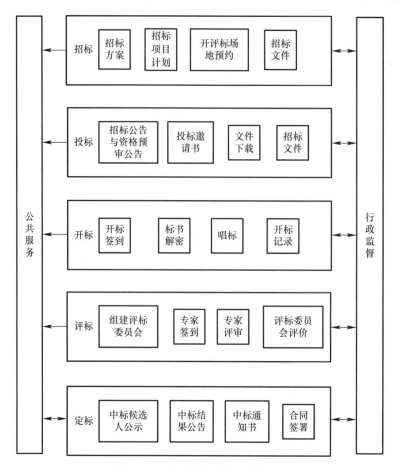

图 3.2.2 电子招标投标系统流程

7.1 一般规定

计算机场地在用户接收前应进行验收。验收应由建设单位负责组织设计、施工和监理等部门共同进行，或由国家认可的质量检验单位负责进行（可由建设单位或施工单位提出委托）。

7.《建筑装饰装修工程质量验收标准》（GB 50210—2018）

3.3.11 建筑装饰装修工程的电气安装应符合设计要求。不得直接埋设电线。

9.5.3 外墙金属板的防雷装置应与主体结构防雷装置可靠接通。

检验方法：检查隐蔽工程验收记录。

8.《信息系统安全等级保护基本要求》（GB/T 22239—2008）

4.2 不同等级的安全保护能力

不同等级的信息系统应具备的基本安全保护能力如下：

第一级安全保护能力：应能够防护系统免受来自个人的、拥有很少资源的威胁源发起的恶意攻击、一般的自然灾难、以及其他相当危害程度的威胁所造成的关键资源损害，在系统遭到损害后，能够恢复部分功能。

第二级安全保护能力：应能够防护系统免受来自外部小型组织的、拥有很少资源的威胁源发起的恶意攻击、一般的自然灾难、以及其他相当危害程度的威胁所造成的重要资源损害，能够发现重要的安全漏洞和安全事件，在系统遭到损害后，能够在一段时间内恢复部分功能。

第三级安全保护能力：应能够在统一安全策略下防护系统免受来自外部有组织的团体、拥有较为丰富资源的威胁源发起的恶意攻击、较为严重的自然灾难、以及其他相当危害程度的威胁所造成的主要资源损害，能够发现安全漏洞和安全事件，在系统遭到损害后，能够较快恢复绝大部分功能。

第四级安全保护能力：应能够在统一安全策略下防护系统免受来自国家级别的、敌对组织的、拥有丰富资源的威胁源发起的恶意攻击、严重的自然灾难、以及其他相当危害程度的威胁所造成的资源损害，能够发现安全漏洞和安全事件，在系统遭到损害后，能够迅速恢复所有功能。

9.《数据中心基础设施运行维护标准》（GB/T 51314—2018）

4.4.1　消防控制室值班人员，应按要求记录消防控制室内消防设备的运行情况，发现火警或设备故障时应立即进行确认，并按相关操作程序进行处理。

5.4.1　数据中心消防系统应按照《建筑消防设施的维护管理》GB 25201 要求进行年度检测。

5.4.2　消防系统有效性宜定期委托有资质的专业机构进行评估。

10.《信息安全技术信息系统安全运维管理指南》（GB/T 36626—2018）

5.4　安全运维管理原则

为了保证安全运维体系的可靠性和有效性，安全运维体系建设应遵循以下内容：

a）基于策划、实施、检查和改进的过程进行持续完善。可以根据信息系统的安全保护等级要求，对控制实施情况进行定期评估；

b）安全运维体系建设应兼顾成本与安全。根据业务安全需要，制定相应的安全运维策略、建立相应的安全运维组织、制定相应的安全运维规程及建设相应的安全运维支撑系统。

7.1.3　实施指南

信息系统安全运维组织应与信息系统安全运维策略相一致，应明确定义信息系统运行安全风险管理活动的责任，特别是可接受的残余风险的责任，还应定义信息系统保护和执行特定安全过程的责任。

明确运维人员负责的范围，包括下列工作：

a）识别和定义信息系统面临的风险；

b）明确信息系统安全责任主体，并形成相应责任文件；

c）明确运维人员应具备的安全运维的能力，使其能够履行信息系统安全运维责任；

d）参照 ITIL 提出的运维团队组织模式，建立三线安全运维组织体系。一线负责安全事件处理，快速恢复系统正常运行；二线负责安全问题查找，彻底解决存在的安全问题；三线负责修复设备存在的深层漏洞。

第三章 规划设计

一、《MMDC 标准》原文

3 规 划 设 计

3.1 建设目标

3.1.1 规划设计阶段应开展调研工作，其结果作为 MMDC 的近期、中期、远期建设规模、保障等级等建设目标的决策依据。

3.1.2 调研对象应包括单位机构和关联人员。单位机构包括业务、管理、保障等相关单位，关联人员包括系统管理、数据管理和管理决策人员。

3.1.3 机房建设目标应满足下列要求：

1 根据附表 A MMDC 等级分类表，确定机房等级和建设投资。

2 根据 IT 规划，确定 MMDC 系统配置。

3 合理规划机房规模，包括机柜数量，主机房及辅助区、支持区等功能区域的面积。

4 有安全等级保护要求时，应符合现行国家标准《信息安全技术　信息系统安全等级保护基本要求》GB/T 22239 相应保护等级。

5 根据机房建设时间节点的要求，制定项目进度计划。

6 根据运行和维护的需求确定运维方式，运行可采用有人或无人值守的方式，维护可采用自管、部分或全部外包的模式。

7 满足设计目标和节能指标要求，符合现行国家标准《数据中心基础设施施工及验收规范》GB 50462 相关质量内容。

3.1.4 规划设计阶段应进行需求分析，其内容满足下列要求：

1 基于建设方对 MMDC 的发展需要，对现状进行评估分析后，形成 MMDC 需求分析报告。

2 需求分析内容包括：MMDC 等级（Ⅰ、Ⅱ、Ⅲ级）要求；网络、服务器、存储等设备配置要求；建设立项、设计、采购、施工、调试、验收的质量和进度节点要求；节能指标要求。

3 需求分析报告包括：MMDC 等级和设计标准；系统规模、机房面积、机柜数量、IT 设备总功率或每单台机柜功率密度；建筑结构条件，设备运输通道要求，配套设施条件，工作人员办公条件；建设计划、质量要求、投资等内容；社会和经济效益分析；EEUE 指标。

3.1.5 规划设计阶段应完成项目立项和规划方案；立项内容包括项目需求、投资、规模、时间等；规划方案内容包括基础条件、机柜、供配电、UPS、照明、空调、给水排水、安防、通信、消防、防雷及接地、环境和设备监控、IT 设备等子系统，明确技术和经济指标。

3.1.6 设计宜根据需求分析报告要求，进行方案、扩初、施工图或深化等相关阶段的设计工作。设计应符合现行相关国家标准和规范的规定。

3.2　方案设计

3.2.1　机房建设在规划设计阶段应进行方案设计。

3.2.2　方案设计应包括下列内容：

1　总体概述，包括建设目标、设计依据、设计原则，以及MMDC的建设规模、等级、功能、质量、进度、投资。

2　设计内容，包括平面布局、系统设计和专业界面。系统设计包括机柜、供配电、UPS、照明、空调、给水排水、安防、通信、消防、防雷及接地、环境和设备监控等系统及技术要求。

3　设备选型，包括设备参数和品牌档次。设备参数应按照技术要求确定，宜采用集成设计的模块化产品进行融合设计。品牌档次应推荐同一档次且不少于3家的品牌或供应商，根据产品性能、服务能力、经济指标及实际情况综合考虑，并满足设备参数要求。设备选型结束后应提供主要设备及配件的材料表。

4　替代方案，可约定替代品牌和供应商。

5　进度计划，应满足建设工期的需要。

3.3　投资经济分析

3.3.1　规划设计阶段应进行投资经济分析，包括运营模式分析，明确自用、租赁、代建或其他运营模式；TCO分析，明确建设投资费用和运营管理费用规模；ROI分析，明确回报率。

3.3.2　投资经济分析应满足机房建设标准化、模块化、智能化、可扩展、快速交付、运维高效、绿色环保、场地适应性强、工厂预制、投资灵活等方面的要求。

3.3.3　方案设计的基础条件和工作内容应符合表3.3.3规定：

各专业基础条件及工作内容　　　　　　　　　　　表3.3.3

专业	基础条件	工作内容
工艺	建设方提出IT设备需求，工艺设计提出机房空间及功能分区需求	机房内设备布局，机柜内IT设备和机电设备布置
土建	机房位置、面积、层高、荷载、运输通道满足设计要求，房间需围合时，门窗及墙体满足防火要求	分隔房间、预留墙面及楼板孔洞
装修	防尘、保温、防水、防潮满足设计要求	墙、顶、地的处理，墙面、地面、天花板上的机电末端设备安装
电气	电源满足MMDC用电需求，供电电缆敷设至MMDC的电源进线开关上口，明确接地端子	敷设机房内部供电和接地线路，安装照明灯具
空调	精密空调室外机位置及冷媒管路由，新风、排风风机安装位置及风管路由满足MMDC使用要求	安装精密空调、新风、排风
给水排水	明确给水点和排水点	安装供水和排水管道
安防、通信、环境和设备监控	明确通信协议、物理接口形式和点位	确定机房内安防、通信、环境和设备监控设备及传感器的点位，布线，安装设备及传感器
消防	建筑防火、人员疏散、消防设施需满足消防法规要求，预留火灾自动报警及联动控制系统接口	安装机房内的消防设备，可按照消防规范的要求将报警信号接入建筑物相应系统

3.4　建设投资控制

3.4.1　规划设计阶段应进行建设投资控制分析，建设投资包括设备、工具、器具的购置费，建筑安装工程费，工程建设其他费用。建设投资控制宜采取下列措施：

1 方案设计阶段进行估算，包括设备费和建设费，满足前期立项要求。

2 扩初设计阶段进行概算，包括设备费、建安费、基础费和不可预见费，满足投资审批要求。

3 施工图设计阶段进行预算，包括直接费（设备费、人工费、材料费等）、措施费、规费、税金，满足项目建设的资金使用要求。

4 工程竣工阶段进行结算，包括直接费（设备费、人工费、材料费等）、措施费、规费、税金，满足项目结算和审计要求。

3.4.2 规划设计阶段应明确项目建设的资金来源，包括国家投资、自有投资、贷款、社会资金。

3.4.3 规划设计阶段应明确资金支付计划，宜按预付款 30%、进度款 40%、结算款 27%、质保金（履约保函）3%的资金支付计划和比例执行。

3.5 运营管理费用控制

3.5.1 规划设计阶段应进行运营管理费用控制分析，运营管理费用包括日常管理、维护保养的人员费用；备品备件、易耗品的材料费用；场地费用及水、电、通信产生的运行费用；贷款利息、服务费、设备折旧的财务费用。

3.5.2 规划设计阶段应明确运营管理费用的支付计划。

二、主要阶段、内容及角色（表3-1）

主要阶段、内容及角色 表 3-1

阶段	主要内容	主要描述	角色（提交人与确认人）
3.1 建设目标	调研报告	1. 策划调研对象 调研工作开始前，首先要确定调研对象。 调研对象应包括单位机构和关联人员。其中单位机构包括业务、管理、保障等相关单位；关联人员包括系统管理、数据管理和管理决策人员。 2. 调研过程及内容 在调研阶段，需依据业主组织机构的设置特点，分别与业主的业务、管理、保障等部门沟通，了解有关数据机房建设的各类需求和现有条件。 系统管理员主要负责整个单位内部网络和服务器系统的设计、安装、配置、管理和维护工作，为内部网的安全运行做技术保障。服务器是网络应用系统的核心，服务器的数量与数据机房的规模息息相关。服务器一般由单位的系统管理员专门负责管理，因此系统管理员对服务器的发展规划是数据机房建设规模发展规划的重要参考。 数据管理员主要负责整个单位数据的存储、管理和维护工作。存储数据是数据机房最重要的功能之一，数据存储量的大小直接影响数据机房的建设规模。数据管理员对单位今后数据存储量的规划是数据机房建设规模发展规划的重要参考。 业务人员对于总站/分站构架的企业（集团）数据机房建设的模式选择比较关键，总站/分站的模式比较注重分级分权管理，因此总站、分站数据机房的建设规模、保障级别，应满足业务布局的需要。业务管理部门参与前期规划设计，可以弥补设计人员对系统运行和管理知识不足，提高设计质量，避免或消除设计缺欠。业务管理人员参与规划设计，可将运维阶段的需求在规划设计中得到充分考虑，其参与前期规划设计，可充分了解和掌握所维护系统的结构、可靠性薄弱环节、遗留问题、潜在风险，有助于提高项目的运维质量，有根据地制定切实可行的建设计划和运维计划	提交人：咨询方 确认人：建设方

阶段	主要内容	主要描述	角色（提交人与确认人）
3.1 建设目标	调研报告	管理决策人员主要负责企业信息化建设的规划，数据机房的建设除了满足已发布的企业信息化建设规划外，在规划阶段，数据机房的规划方案应充分听取管理决策人员的意见。管理决策人员对企业未来业务发展有准确的把握，对后期容量管理、扩容等方面有相应的考虑。管理决策人员对项目周围资源环境和物理环境也比较熟悉，其提出的实施方案可行性较好，也能为今后的运维工作带来方便。 3. 调研报告主要内容 （1）企业信息化建设的发展规划 数据机房的近期、中期、远期建设规模、保障等级必须满足企业信息化建设的发展规划。 （2）企业经济规模 数据机房建设规模需充分考虑企业的经济规模，即项目投入与预计产出比是否处于最优状态、资源和资金的使用是否高效。根据数据机房项目建设的具体情况，可以充分利用模块化微型数据机房的技术特点，采用先期基础设施建设一次建成，后期按需分步投入 IT 设备的策略。 （3）拟建规模的可行性 调研需充分了解拟建规模的可行性。重点考虑各方面的资源状况是否能够满足拟建规模的要求，主要包括：场地空间、能源供应、项目资金状况等。 （4）行业发展趋势 调研需充分考虑企业所在行业的现状和发展趋势。对于不同行业而言，在确定数据机房建设规模时，应充分考虑各自的行业因素。 （5）改造思路 调研时对于改造项目，需在考虑项目可用性和可靠性的前提下，重点考虑原有设备和设施的有效利用。 （6）调研报告结论 在充分考虑了以上因素后，对未来数据机房机架的数量进行适当的预估，结合单位机架平均占地面积（含设备通道）的经验值（通常约 2.5m²/机架），初步确定数据机房的面积需求。同时根据未来数据机房的供电密度和冗余等级，对其需要提供的配电设施和空调设施区域面积做出合理的预估，最终确定数据机房的建设规模	提交人：咨询方 确认人：建设方
	需求分析报告	MMDC 建设的需求分析报告，又称可行性研究代项目建议书，其主要用来解决 MMDC 项目建设的初步可行性问题。其编排包括以下内容： 确定建设目标 建设目标主要涵盖的内容： 1. 机房规模 数据机房规模包括 MMDC 的主机机房面积和机柜数量两项主要指标，以及辅助区、支持区面积，用电容量，对外通信带宽等重要指标。 2. 机房等级 按照《模块化微型数据机房建设标准》（T/CECA 20001—2019）的 Ⅲ、Ⅱ、Ⅰ 三级标准。 3. 保护等级 根据《信息系统安全等级保护基本要求》（GB/T 22239—2008）确定相应保护等级。 模块化数据机房安全防护能力是指系统能够抵御威胁、发现安全事件以及系统遭到损坏后能够恢复先前状态等的程度。其防护等级根据其在国家安全、经济建设、社会生活中的重要程度，遭到破坏后对国家安全、社会秩序、公共秩序以及公民、法人和其他组织合法权益的危害程度，按等级采取相应的防护措施。 4. 软硬件配置 根据 IT 规划确定。在模块化数据机房建设规划阶段，需调研了解机房需配置的服务器、网络设备、存储设备、配电柜、UPS、精密空调、安防系统、消防设备、KVM 设备、集中监控、防雷设备、机柜设备等硬件及其配套的运行、管理软件。 5. 运维模式 模块化数据机房建设规划阶段必须对机房今后的运维模式进行调研，确定基本运维方案。 机房基础设施运维团队应与业主管理层、IT 部门、相关业务部门共同讨论确定运维管理目标。制定目标时，应综合考虑机房所支持应用的可用性要求、机房基础设施的等级、容量等因素。目标宜包括可用性目标、能效目标，可以用服务等级协议（SLA）的形式呈现。不同应用的可用性目标的机房，可设定不同等级的机房基础设施的运维管理目标	提交人：咨询方 确认人：建设方

续表

阶段	主要内容	主要描述	角色（提交人与确认人）
3.1 建设目标	需求分析报告	6. 进度计划 模块化数据机房建设规划阶段必须对机房的建设进度进行调研，完成建设进度的策划工作，机房建设进度包括以下阶段： 建设前期阶段，包括项目开发融资和银行贷款、批文报批工作。 规划阶段，包括规划方案的审批、修改。 采购招标阶段，包括招标文件编制，招标（包括施工、监理的招标，以及材料设备采购等的招标）。 实施阶段，包括施工准备、基础工程、安装、竣工准备及验收备案、移交等。 7. 设计目标 参照《数据机房基础设施施工及验收规范》（GB 50462—2015）相关质量内容，满足设计目标和绿色节能指标的基础和优质要求。 模块化数据机房建设规划阶段必须对机房的建设质量进行策划，制定项目建设的质量目标。 8. 投资分级 模块化机房建设按照 T/CECA 20001—2018 附录 A MMDC 等级分类表确定投资规模。 模块化数据机房建设规划阶段必须对机房的资金计划进行调研，制定项目建设的投资计划。 建设投资包括静态投资费用和动态投资费用两部分。 数据机房建设的静态投资由建设工程项目前期工程费、建筑安装工程费、设备及工器具购置费、工程建设其他费用、基本预备费等组成。 数据机房建设的动态投资是指为完成数据机房工程项目的建设，预计投资需要量的总和。它除了包括静态投资所含内容之外，还包括建设期贷款利息、投资方向调节税、涨价预备金、新开征税费以及汇率变动等部分。 9. 投资计划 合理的投资计划是建设项目顺利进行的基本保障，数据机房建设项目应根据规划的建设进度和将会发生的实际付款时间和金额，编制投资计划表	提交人：咨询方 确认人：建设方

		《需求分析报告》
		    1. 需求分析报告综述
		    需求分析是基于业主对微型模块化数据机房的发展需要，对现状进行评估分析后，形成微型模块化数据机房需求分析报告。需求分析报告应包括：微型模块化数据机房系统规模、等级和设计标准；微型模块化数据机房的 EEUE 指标；机房面积、机柜数量、IT 总功率或每台机柜平均功率密度；配套设施条件（如电力、通信带宽、水暖等配套设施）；微型模块化数据机房工作人员办公条件（监控及维护房间，测试间，备品备件间等）；建筑结构条件；设备运输通道要求；微型模块化数据机房建设计划（一次性、分期）、质量要求、投资等内容。
		    2. 需求分析主要内容
		    （1）建设方对数据机房的业务需求，主要包括网络、服务器、存储等设备配置需求。
		    （2）数据机房的建设等级要求（Ⅲ、Ⅱ、Ⅰ级）。
		    （3）建设方对数据机房的建设周期（立项调研、设计、采购、施工、调试验收）需求，明确交付时间节点。
		    （4）绿色节能指标。
		    3. 数据机房建设目标	

	立项报告	MMDC 立项报告主要用来解决立项规划和方案基本特征两个基本问题。其编排包括以下内容：
		    1. 项目概况
		    （1）项目名称：工程项目的全称及简称。
		    （2）项目建设单位及负责人：包括项目建设单位（含参建单位）、实施机构及相关负责人。
		    （3）立项报告编制单位：包括工程咨询单位及参与立项报告编制的有关单位。
		    （4）立项报告编制依据：列举所依据的重要法规、文件、资料名称、文号、发布日期等，如国家电子政务工程建设规划、项目需求分析报告及专家咨询委员会评议结果等，并将其中必要的部分全文附后，作为报告的附件。
		    （5）建设目标、规模、内容、周期：简述项目的建设目标、规模、内容和建设周期。
		    （6）总投资及资金来源：简述项目总投资及资金构成，明确项目资金来源。
		    （7）主要结论与建议：简述项目主要结论和相关重要建议
			提交人：咨询方
			
			确认人：建设方

阶段	主要内容	主要描述	角色（提交人与确认人）
3.1 建设目标	立项报告	2. 项目建设单位概况 （1）项目建设单位与职能：描述项目建设单位概况，包括单位的性质、组织机构、主要领导人/法定代表人、主要职能和相关工作。对于多个部门和单位参与建设的项目，按照牵头单位和参加单位的顺序分别描述。 （2）项目实施机构与职责：描述项目实施机构概况，包括机构名称、主要职责、项目负责人、主要技术力量等。 3. 需求分析 参考项目前期调研结果，针对以下内容进行需求分析和项目建设必要性的论述。 （1）社会问题和机房建设目标分析：分析与职能相关的社会问题及存在问题的症结，提出机房建设目标、业务目标和信息化建设目标。 （2）业务功能、流程和业务量分析：分析与职能相关的各项业务功能、业务流程、业务处理量等业务逻辑。 （3）信息数据量分析：根据业务逻辑分析，提出项目的数据处理量、存储量、传输流量和网络带宽的分析过程和测算结果。 （4）系统功能和性能需求分析：结合业务逻辑分析和信息数据量分析，分析信息系统的功能和性能需求，并对系统的处理能力、存储能力和传输能力进行总量分析，提出系统能力的总量指标。 （5）信息系统装备和应用现状与差距：分析单位当前信息系统的装备状况，包括处理、存储、传输能力的设备存量情况和差距；分析信息化应用现状和应用系统功能现状及差距；提出信息系统装备的处理、存储、传输能力的增量指标，分析信息应用系统的功能增量。 （6）项目建设的必要性：结合实现机房建设目标、业务应用目标和信息化系统建设目标，分析项目建设的意义和必要性。 4. 方案概述 （1）基础条件及配置：机柜、供配电、不间断电源、照明、空调、给水排水、安防、通信、消防、防雷及接地、环境和设备监控、IT 设备等子系统。 （2）方案特征：技术参数、经济参数。 5. 附表及附件 （1）应用系统定制开发工作量测算，可以同时附在报告的技术方案中和附表中，便于与投资估算表进行对应。 （2）软硬件配置清单，可以同时附在报告的技术方案中和附表中，便于与投资估算表进行对应。 （3）投资估算表详细列出与各主要建设内容相对应的投资。 （4）项目资金来源和运用表。 （5）根据系统运行维护方案，列出年系统运行维护经费。 （6）将立项报告依据以及与项目有关的必要的政策、技术、经济资料列为附件	提交人：咨询方 确认人：建设方
3.2 设计方案	设计方案文件	1. 建设计划 （1）建设原则和策略：阐述项目建设原则，提出项目建设策略。 （2）总体目标与阶段目标：根据前述需求分析，提出项目建设的总体目标，包括：分阶段提出机房建设目标和建设规模；清晰界定各期目标的边界和演进的内容，并用可考核、可量化的指标对目标进行刻画。 （3）建设内容与各阶段建设任务：结合项目总体目标和信息化现状，提出项目工程建设内容；结合项目阶段目标和信息化发展状况，提出各阶段的工程建设任务。 （4）总体设计方案：通过文字和图表等描述信息系统整体框架，包括本信息系统内部结构与外部系统间的联系，并区分出已建系统及功能和新增系统及功能。 2. 各专业技术方案要点 （1）工艺：机房工程的工艺专业，负责提出数据机房系统构架方案，以及机柜布置及机柜内部布置方案，机房施工单位应根据工艺要求，配置相应的机房空调、供电、监控等辅助设备。机柜布置及机柜内空余机架空间布置由工艺专业负责，机房及机柜内配套设施布置由机房工程施工负责。机房工程施工时若需要对已有的工艺专业要求做调整，其调整方案需以书面形式报原工艺专业方核准后方可施工	提交人：咨询方 确认人：建设方

阶段	主要内容	主要描述	角色（提交人与确认人）
3.2 设计方案	设计方案文件	（2）土建：建设单位应在机房建设合同中约定机房建设的空间范围，将建设空间范围内的建筑毛坯按合同约定完成相应施工，交付机房施工单位，主要包括机房区域墙、顶、地的抹平，以及孔洞预留等，交付之后的所有机房区域部分的土建施工及维护，由机房施工单位负责。机房工程施工时若需要对已有的土建专业现状做调整，其调整方案需以书面形式报原土建专业方核准后方可施工。 （3）装修：建设单位应在机房建设合同中约定机房建设的空间范围内装修要求，将建设空间范围内的装修部分按合同约定完成相应施工，交付机房施工单位，主要包括机房防火门、防火窗等，交付之后的所有机房区域部分的装修施工及维护由机房施工单位负责。机房工程施工时若需要对已有的装修专业现状做调整，其调整方案需以书面形式报原装修专业方核准后方可施工。 （4）电气：建设单位应将机房需要的电源按机房建设合同约定，配置至机房区域内的指定位置，交付机房施工单位。电源交接点采用开关箱的方式，开关箱内设置隔离电器及计量表计。计量表计设置在电源侧，引入电源接至隔离电器的进线端。开关箱及隔离开关进线端以上部分由建设单位负责施工及维护，隔离开关出线端以下部分由机房施工单位负责施工及维护。机房工程施工时若需要对已有的电气设施现状做调整，其调整方案需以书面形式报原电气专业方核准后方可施工。 （5）空调及通风：1）当机房工程的空调方式需利用建设方已有的冷媒时，建设单位应将机房需要的冷媒按机房建设合同约定，配置至机房区域内的指定位置，交付机房施工单位。冷媒交接点采用接驳箱的方式，接驳箱内设置蝶阀及计量表计。计量表计设置在冷媒侧，引入冷媒接至蝶阀的入口端。接驳箱及蝶阀入口端以上部分由建设单位负责施工及维护，蝶阀出口端以下部分由机房施工单位负责施工及维护。机房工程施工时若需要对已有的空调设施现状做调整，其调整方案需以书面形式报原空调专业方核准后方可施工。2）通风专业：建设单位将机房区域需要的送风、排风、排烟等通风设施按机房建设合同约定，配置至机房区域内的指定位置，交付机房施工单位。机房工程施工时若需要对已有的通风设施做调整，其调整方案需以书面形式报原通风专业方核准后方可施工。 （6）给水排水：1）建设单位应将机房需要的给水管路按机房建设合同约定，配置至机房区域内的指定位置，交付机房施工单位。给水交接点采用接驳箱的方式，接驳箱内设置角阀及计量表计。计量表计设置在水源侧，引入水源接至角阀的入口端。接驳箱及角阀入口端以上部分由建设单位负责施工及维护，角阀出口端以下部分由机房施工单位负责施工及维护。机房工程施工时若需要对已有的给水设施现状做调整，其调整方案需以书面形式报给原排水专业方核准后方可施工。2）建设单位应将机房需要的排水管路按机房建设合同约定，配置至机房区域内的指定位置，交付机房施工单位。排水交接点采用地漏的方式，机房工程施工时若需要对已有的排水设施现状做调整，其调整方案需以书面形式报给原排水专业方核准后方可施工。 （7）智能化：建设单位应将机房需要的通信、安防、环境监控、机房监控与管理系统等的智能化专业管线按机房建设合同约定，配置至机房区域内的指定位置，交付机房施工单位。智能化专业管线的交接点分系统采用端子箱的方式，端子箱内设置进线端子及出线端子，智能化专业引入线缆接至进线端子。端子箱及进线端子以上部分由建设单位负责施工及维护，出线端子以下部分由机房施工单位负责施工及维护。机房工程施工时若需要对已有的智能化设施现状做调整，其调整方案需以书面形式报原智能化专业方核准后方可施工。 （8）防雷及接地：建设单位应将机房需要的防雷及接地设施按机房建设合同约定，配置至机房区域内的指定位置，交付机房施工单位。防雷、接地设施的交接点采用端子箱的方式，端子箱内设置端子排，建筑物原有的防雷、接地设施接至进线端子排。端子箱及端子排进线端以上部分由建设单位负责施工及维护，端子排出线端以下部分由机房施工单位负责施工及维护。机房工程施工时若需要对已有的防雷及接地设施现状做调整，其调整方案需以书面形式报原防雷及接地专业方核准后方可施工。 （9）消防：建设单位应将机房需要的火灾报警及联动信号、火灾及报警系统电源、消防广播信号、消防电话信号等的消防专业管线按机房建设合同约定，配置至机房区域内的指定位置，交付机房施工单位。消防专业管线的交接点分系统采用端子箱的方式，端子箱内设置进线端子、隔离器及出线端子，消防专业引入线缆接至进线端子。端子箱及进线端子以上部分由建设单位负责施工及维护，出现端以下部分由机房施工单位负责施工及维护。机房工程施工时若需要对已有的消防设施现状做调整，其调整方案需以书面形式报原消防专业方核准后方可施工	提交人：咨询方 确认人：建设方

续表

阶段	主要内容	主要描述	角色（提交人与确认人）
3.2 设计方案	设计方案文件	3. 项目的招标方案 （1）建设项目的工程、设备和服务的具体招标范围：根据项目建设内容，提出建设项目涉及的各项工程（系统工程、软件工程、土建工程等）、设备及服务（工程设计、施工、系统集成、工程监理等）的具体招标范围。 （2）招标的方式：通过文字和列表描述项目的各项工程、设备和服务等招标内容所采取的招标方式。 （3）招标的组织形式：提出各项招标内容所采取的组织形式，涉及政府采购、公开招标、邀请招标、自主招标（对于涉密系统）等。 4. 环保、消防、职业安全卫生和节能 （1）环境影响和环保措施：分析项目建设对环境的影响，并提出环保措施和环保解决方案、落实环保批复文件。 （2）消防措施：分析消防安全隐患，提出消防措施和解决方案。 （3）职业安全和卫生措施：分析职业安全和卫生隐患，提出职业安全和卫生措施解决方案。 （4）节能措施：分析能源消耗情况，提出项目节能措施和解决方案。 5. 项目组织机构和人员培训 （1）领导机构：描述和绘制项目建设单位的组织建设和管理体系，明确领导和各级职责，确保项目的有效实施。 （2）项目实施机构：描述项目具体实施单位的机构设置和相关职责，明确项目实施和管理的分工和责任。 （3）运行维护机构：提出项目建成后，系统运行维护的方式和相关方案。 （4）技术力量和人员配置：提出项目建设和运行维护的技术力量和人员配置。 （5）人员培训：提出系统建设和应用的人员培训计划、培训方案和培训经费测算依据，包括技术人员和系统应用人员。 6. 项目实施进度 （1）项目建设期：提出项目建设期和建设各阶段的划分。 （2）实施进度安排计划：描述项目实施进程安排，绘制项目实施进度表	提交人：咨询方 确认人：建设方
3.3 投资经济分析	投资经济分析报告	1. 运营及运维模式分析 分别说明自营（运营）自管（运维）、自营他管（第三方运维）、租用运营商 MMDC 设备自营，租用 MMDC 提供的服务四种运营模式对本项目的适应性。 2. 建设模式分析 分别说明自建、代建、PPP、BOT、EPC 等建设模式对本项目的适应性。 3. 效益与评价指标分析 （1）经济效益分析：分别描述项目的直接经济效益和间接经济效益，尽可能用量化指标描述。 （2）社会效益分析：分析项目对国民经济和社会发展产生的促进作用。 （3）评价指标：包括项目建设对社会的贡献度，业务的复杂度，系统的利用率等。 4. 项目风险与风险管理 （1）风险识别和分析：识别和分析项目的战略风险（如政策变化、政务体制变化等）、系统风险（如技术变化、系统设计、系统成熟度等）和操作风险（如管理等）。 （2）风险对策和管理：提出应对风险的对策和风险管理措施。 5. 附表及附件 （1）投资估算表相关内容详细列出与各主要建设内容相对应的投资。 （2）项目资金来源和运用表的相关内容列出。 （3）根据系统运行维护方案，列出年系统运行维护经费；说明该经费的来源	提交人：咨询方 确认人：建设方
3.4 建设投资控制	建设投资控制报告	1. 建设投资来源说明 当前 MMDC 投资资金的来源渠道主要有以下几方面： （1）财政预算投资 列入年度基本建设计划的建设项目投资为财政预算投资。 （2）自筹资金 指各地区、各部门、各单位按照财政制度提留、管理和自行分配用于固定资产再生产的资金。自筹资金主要有：地方自筹资金；部门自筹资金；企业、事业单位自筹资金；集体、城乡个人筹集资金等	提交人：咨询方 确认人：建设方

续表

阶段	主要内容	主要描述	角色（提交人与确认人）
3.4 建设投资控制	建设投资控制报告	（3）银行贷款投资 银行利用信贷资金发放基本建设贷款是建设项目投资资金的重要组成部分。 （4）利用外资 利用多种形式的外资，是我国实行改革开放政策、引进外国先进技术的一个重要步骤，同时也是我国建设项目投资不可缺少的重要资金来源。其主要形式有：外国政府贷款；国际金融组织贷款；国外商业银行贷款；在国外金融市场上发行债券；吸收外国银行、企业和私人存款；利用出口信贷；吸收国外资本直接投资，包括与外商合资经营、合作经营、合作开发以及外商独资等形式；补偿贸易；对外加工装配；国际租赁；利用外资的 BOT 方式等。 （5）利用有价证券市场筹措建设资金 有价证券市场，是指买卖公债、公司债券和股票等有价证券，在不增加社会资金总量和资金所有权的前提下，通过融资方式，把分散的资金累积起来，从而有效地改变社会资金总量的结构。有效证券主要指债券和股票。 2. 建设投资内容 MMDC 建设投资又称为一次性投资，MMDC 的一次性投资主要发生在建设期。 MMDC 的建设方式可分为新建和改建两种。 新建 MMDC 是指企业在自己拥有的土地上，依照 MMDC 等级标准，建设专用建筑物和附属设施，并形成一个功能完善的 MMDC 功能区。 新建 MMDC 项目的一次性投资是指 MMDC 开发建设过程中企业需要投入的一次性费用，一般分为开发成本和开发期间费用。 改建 MMDC 是指将现有不符合 MMDC 要求的建筑物部分改建，使其成为符合 MMDC 要求的建筑物。其改造费用包括使用方在某一建筑物内，将选定的区域按照 MMDC 土建要求进行改造的费用。 新建和改建的 MMDC 所涉及的建设投资一般包括以下部分： （1）场地使用权所产生的费用 （2）设备购置费 （3）基础设施费 （4）前期工程及在建工程费 （5）管理费用 （6）相关税费 （7）财务费用 3. 建设投资计划 建设投资计划又称为固定资产投资计划、固定资金计划，是财务计划的组成部分，规定着计划期固定资金的运用增减情况及其利用效果。 正确编制及执行固定资金计划，对于从物质技术上保证完成产品生产任务，挖掘固定资产的生产潜力，节约而有效地使用固定资金，有着积极意义。 固定资产投资计划的控制措施主要包括以下内容： （1）使投资落实到计划安排的项目上，防止截流、挪用和流失的各项措施。 （2）监督计划分配的投资是否合理，及时调整不合理的投资，包括不合理项目、合理项目的不合理投资等的措施。 （3）对随着项目建设过程中条件的变化而出现的投资过剩或不足，及时调整的方案。 （4）减少不合理开支和浪费，提高投资使用效益的各项规章制度。 （5）对应项目建设周期，单位时间内保证项目建设所需的建安设备及材料、机器设备、动力、水和人力等的各项费用计划。 4. 合理的资金计划 合理的资金计划是建设项目顺利进行的基本保障。 数据机房建设项目应根据规划的建设进度和将会发生的实际付款时间和金额，编制资金使用计划表。在项目规划阶段，可以年、半年、季度、月为计算期单位，按期编制资金使用计划。编制资金使用计划，应考虑各种投资款项的付款特点，要充分考虑预收款、欠付款、预付定金以及按工程进度付款的具体情况。 建设投资来源及计划表（表 3-3）	提交人：咨询方 确认人：建设方

阶段	主要内容	主要描述	角色（提交人与确认人）
3.5 运营管理费用控制	运营管理费用控制报告	1. 运营管理费用测算及分析 　MMDC运营管理费用又称为长期性投资，是针对MMDC在运营期间发生的各类费用的投资，可以归纳为以下几个大类： 　（1）房屋建筑物和土地成本摊销或租金 　自建MMDC的土地成本摊销，自建或改建建筑物的成本摊销及装修费折旧均应计入MMDC长期运营成本。 　MMDC场地如果采用租赁方式，每期支付给租赁方的租金费用（含物业费）应计入MMDC长期运营成本。摊销和折旧方法参见国家相关财务制度。 　（2）设备折旧或租金 　设备购买成本折旧均应计入MMDC长期运营成本。 　MMDC设备如果采用租赁方式，每期支付给租赁方的租金费用应计入MMDC长期运营成本。摊销和折旧方法参见国家相关财务制度。折旧期一般为5年左右。 　（3）水电等能耗费用 　MMDC运营产生的水电等能耗费用在长期运营成本中所占比率较大，尤其是电力费用一般在运营成本中所占比率约为40%。因此，MMDC在运营期间如何有效节约电力成本是MMDC绿色节能的关键所在。 　（4）网络通信费用 　MMDC网络通信费用包括电话通信费、互联网通信费和专线通信费等。由于对通信线路带宽需求的增加，MMDC网络通信成本呈明显上升趋势。 　（5）管理费用 　管理费用包括日常办公管理费用和人力资源成本。 　MMDC日常办公管理费用包括交通费、差旅费、会议费和办公设备购置费等。 　MMDC人员分为两大类：一类人员负责MMDC内IT设施、环境的管理和维护；另一类人员负责MMDC的物业管理和维护。人力资源成本中应包含以上所有人员的薪酬开支、人员生活保障设施费等。 　（6）保险费用 　MMDC保险费用包括财产一切险和公共责任险。保险费率取决于投保设备的状况和投保金额。详细内容可查阅保险业相关规定。 　（7）维修费用 　MMDC基础设施日常维修保养费用包含MMDC建筑物及大型机电设备的日常维修和保养费用。如果配有柴油发电机，柴油费用可一同计入。 　（8）相关税费 　相关税费是指MMDC运营期间可能涉及到的各种税费。例如，自有MMDC应缴纳的房产税和城镇土地使用税等。 　（9）财务费用 　MMDC运营期间涉及的利息净支出、汇兑净损失、金融机构手续费，以及企业筹集资金发生的其他财务费用等。 　2. 运营管理费用支付计划 　根据"运营管理费用测算及分析"逐项、逐月制定计划并分类汇总。 　合理的资金计划是建设项目顺利进行的基本保障。 　数据机房应根据规划的使用年限中将会发生的实际付款时间和金额，编制运营费用支付计划表。在项目规划阶段，可以年、半年、季度、月为计算期单位，按期编制运营费用支付计划。编制资金使用计划，应考虑各种投资款项的付款特点。 　运营管理费用支付计划表（表3-4）	提交人：咨询方 确认人：建设方

三、流程框图

流程框图见图 3-1。

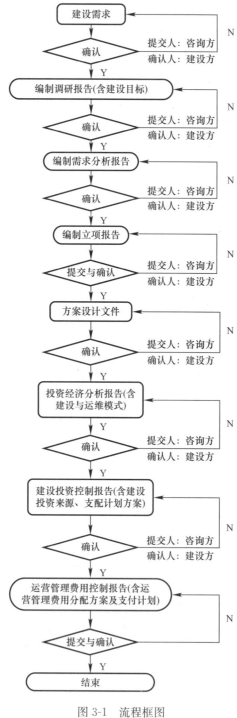

图 3-1　流程框图

四、其他

其他事项及主要内容　　　　　　　　　　　　　　　　　　表 3-2

序号	事项	主要内容描述
1	调研报告	1. 调研对象策划 （1）调研对象的确认过程 （2）需调研的单位机构和关联人员 2. 调研过程记录 （1）系统管理人员调研记录 （2）数据管理人员调研记录 （3）业务管理人员调研记录 （4）管理决策人员调研记录 3. 调研内容总结 （1）企业信息化建设的发展规划 （2）企业经济规模 （3）拟建规模的可行性 （4）行业发展趋势 （5）改造思路（若有） （6）调研报告结论
2	需求分析报告	1. 需求分析报告综述 （1）现状评估分析 （2）需求分析报告概述 　　包括：微型模块化数据机房系统规模、等级和设计标准；微型模块化数据机房的 EEUE 或 EEE 指标；机房面积、机柜数量、IT 总功率或每台机柜功率密度；配套设施条件（如电力、通信带宽、水暖等配套设施）；微型模块化数据机房工作人员办公条件（监控及维护房间，测试间，备品备件间等）；建筑结构条件；设备运输通道要求；微型模块化数据机房建设计划（一次性、分期）、质量要求、投资等内容。 2. 需求分析 （1）建设方对数据机房的业务需求，主要包括网络、服务器、存储等设备配置需求 （2）数据机房的建设等级要求（Ⅲ、Ⅱ、Ⅰ级） （3）建设方对数据机房的建设周期（立项调研、设计、采购、施工、调试验收）需求，明确交付时间节点 （4）节能指标 3. 数据机房的建设目标 （1）机房规模 （2）机房等级 （3）保护等级 （4）软硬件配置 （5）运维模式 （6）进度计划 （7）设计目标 （8）投资分级 （9）投资计划
3	立项报告	1. 项目概况 （1）项目名称 （2）项目建设单位及负责人介绍 （3）立项报告编制单位介绍 （4）立项报告编制依据 （5）建设目标、规模、内容、周期 （6）总投资及资金来源 （7）主要结论与建议

序号	事项	主要内容描述
3	立项报告	2. 项目建设单位概况 (1) 项目建设单位与职能介绍 (2) 项目实施机构与职责介绍 3. 需求分析 参考项目前期调研结果，针对以下内容进行需求分析和项目建设必要性的论述。 (1) 社会问题和机房建设目标分析 (2) 业务功能、流程和业务量分析 (3) 信息数据量分析 (4) 系统功能和性能需求分析 (5) 信息系统装备和应用现状与差距分析 (6) 项目建设的必要性分析 4. 机房技术方案概述 (1) 基础条件及配置：机柜系统、供配电系统、UPS 电源、空调通风系统、安防系统、消防系统、布线系统、防雷及接地系统、机房监控与管理系统等子系统 (2) 方案特征：技术参数、经济参数、设计工艺平面图 5. 附表及附件 (1) 应用系统定制开发工作量测算 (2) 软硬件配置清单 (3) 投资估算表 (4) 项目资金来源和运用表 (5) 根据系统运行维护方案，列出年系统运行维护经费 (6) 将立项报告编制依据以及与项目有关的、必要的政策、技术、经济资料列为附件
4	设计方案	1. 总体建设方案 (1) 建设原则和策略 (2) 总体目标与阶段目标 (3) 建设内容与各阶段建设任务 (4) 总体设计方案 2. 各专业技术方案要点 (1) 工艺 (2) 土建 (3) 装修 (4) 电气 (5) 空调及通风 (6) 给水排水 (7) 智能化 (8) 防雷及接地 (9) 消防 3. 项目的招标方案 (1) 建设项目的工程、设备和服务的具体招标范围 (2) 招标的方式 (3) 招标的组织形式 4. 环保、消防、职业安全卫生和节能 (1) 环境影响和环保措施 (2) 消防措施 (3) 职业安全和卫生措施 (4) 节能措施 5. 项目组织机构和人员培训 (1) 领导机构 (2) 项目实施机构 (3) 运行维护机构 (4) 技术力量和人员配置 (5) 人员培训 6. 项目实施进度 (1) 项目建设期 (2) 实施进度安排计划

序号	事项	主要内容描述
5	投资经济分析报告	1. 运营及运维模式分析 分别说明自营（运营）自管（运维）、自营他管（第三方运维）、租用运营商数据中心设备自营，租用数据中心提供的服务四种运营模式对本项目的适应性。 （1）自营自管模式分析 （2）自营他管模式分析 （3）租用运营商数据中心设备自营模式分析 （4）租用数据中心提供的服务模式分析 2. 建设模式分析 分别说明自建、代建、PPP、BOT、EPC等建设模式对本项目的适应性。 （1）自建模式分析 （2）代建模式分析 （3）PPP模式分析 （4）BOT模式分析 （5）EPC模式分析 3. 效益与评价指标分析 （1）经济效益分析 （2）社会效益分析 （3）评价指标 4. 项目风险与风险管理 （1）风险识别和分析 （2）风险对策和管理 5. 附表及附件 （1）投资估算表 （2）项目资金来源和运用表 （3）年系统运行维护经费估算及经费来源说明
6	建筑投资控制报告	1. 建设投资来源说明 对MMDC投资资金的常规来源渠道分别说明在本项目的适用性。 （1）财政预算投资 （2）自筹资金 （3）银行贷款投资 （4）利用外资 （5）利用有价证券市场筹措建设资金 2. 建设投资各项内容的测算及分析 MMDC建设投资又称为一次性投资，MMDC的一次性投资主要发生在建设期，其主要包括以下内容： （1）建筑物产权费或土地取得费的测算及分析 （2）设备购置费的测算及分析 （3）基础设施费的测算及分析 （4）前期工程及在建工程费的测算及分析 （5）管理费用的测算及分析 （6）相关税费的测算及分析 （7）财务费用的测算及分析 3. 各建设阶段投资指标控制 （1）估算 立项策划阶段进行估算，包括建设阶段、运维阶段的投资估算，满足前期立项要求 （2）概算 招投标阶段进行概算，包括设备费用、建安费用、基础费用、不可预见费用等，满足投资审批要求 （3）预算 施工图设计阶段进行预算，包括直接费用、设备费用、人工费用、材料费用等，满足施工阶段的资金使用情况 （4）结算、决算 工程竣工阶段进行结算，满足项目的工程决算和审计要求

续表

序号	事项	主要内容描述
6	建筑投资控制报告	（5）投资指标误差控制 一般为立项估算 30%，可研估算 10%，初步设计概算 5% 4. 建设投资计划控制措施 （1）使投资落实到计划安排的项目上，防止截流、挪用和流失的各项措施 （2）监督计划分配的投资是否合理，及时调整不合理的投资，包括不合理项目、合理项目的不合理投资等的措施 （3）对随着项目建设过程中条件的变化而出现的投资过剩或不足，及时调剂的方案 （4）减少不合理开支和浪费，提高投资的使用效益的各项规章制度 （5）对应项目建设周期，单位时间内保证项目建设所需的建安设备及材料、机器设备、动力、水和人力等等的各项费用计划 5. 建设投资来源及计划表（表 3-3）
7	运营管理费用控制报告	1. 运营管理费用测算及分析 MMDC 运营管理费用又称为长期性投资，是针对 MMDC 在运营期间发生的各类费用的投资，可以归纳为以下几个大类： （1）房屋建筑物和土地成本摊销或租金费用测算及分析 （2）设备折旧或租金费用测算及分析 （3）水电等能耗费用测算及分析 （4）网络通信费用测算及分析 （5）管理费用测算及分析 （6）保险费用测算及分析 （7）维修费用测算及分析 （8）相关税费费用测算及分析 （9）财务费用测算及分析 2. 运营管理费用支付计划 根据"运营管理费用测算及分析"逐项、逐月制定计划并分类汇总。 3. 编制运营管理费用支付计划表（表 3-4）

建设投资来源及计划表　　　　　单位：万元　　**表 3-3**

序号	项目	合计	建设期（年）			经营期（年）		
			1	2	3	4	5	6-12
1	投入总资金							
1.1	建设投资							
1.2	建设期利息							
1.3	流动资金							
2	资金筹措							
2.1	自有资金							
2.1.1	用于流动资金							
2.1.2	用于建设资金							
2.2	对外借款							
2.2.1	长期借款							
2.2.2	流动资金借款							

运营管理费用支付计划表　　　　单位：万元　　**表 3-4**

序号	月度	专业工作单位	款项类别	合同总价	完成程度	已累计支付金额	本月计划支付金额	备注

编制部门：　　　　　　　编制人：　　　　　　　　　　　　日期：

第四章 采购及招标

一、《MMDC标准》原文

4 采购及招标

4.1 一般规定

4.1.1 采购及招标阶段包括项目的招标、澄清、投标、评标、竞争性洽谈、定标、公示、中标及签约。

4.1.2 采购及招标阶段应根据设计文件编制招标文件，包括商务条款、技术条款及投标文件组成要求，并明确招标方式。

4.2 采购及招标商务条款要求

4.2.1 采购及招标阶段应编制采购及招标文件的商务条款。

4.2.2 商务条款应包括下列内容：

1 采购及招标要求、限制条件、招投标违约与免责条款、责任免除、不可抗力和争议认定。

2 采购及招标方应按照国家法律法规确定招标范围、内容和方式，可提出对投标方的资质、业绩、团队要求。

3 招标方不得设定限制或排斥投标方的不合理条款。

4 投标方近三年内有不良信誉记录，不得参与投标。

5 因招标方违约致使投标方不能履行义务的，投标方可不承担保证责任。因投标方违约致使没有完成标的，招标方按照合同约定条款执行。依照法律规定或招投标方的另行约定，招投标方均可免除约定的相应保证责任。

6 因法定不可抗力因素造成招投标方不能履行义务的，招投标方不承担保证责任。

7 有争议时，双方协商解决；协商不成，通过诉讼或仲裁解决。

4.3 采购及招标技术条款要求

4.3.1 采购及招标阶段应编制采购及招标文件的技术条款。

4.3.2 技术条款的编制原则应满足为IT设备可靠运行提供适合工作环境的技术要求，实现绿色环保、节能降耗、高效运维的目的。

4.3.3 技术条款应满足MMDC等级对应的技术指标要求，宜包括下列内容：

1 系统范围，包括机柜、供配电、UPS、照明、空调、给水排水、安防、通信、消防、防雷及接地、环境和设备监控系统。应明确招标所涉及的系统内容。

2 系统架构，应根据确定的机房等级，按附表 A MMDC 等级分类表确定系统架构。

3 施工界面，应明确招标所涉及的各系统实施安装界面，各方职责分工界面。

4 工艺要求，包括产品运输、仓储、安装、标识、调试、验收的工艺要求。

5 产品规格，包括产品功能及性能指标、生产工艺指标、材料特性、外形尺寸。

6 设备清单，包括设备材料名称、规格型号、技术参数、单位、数量、推荐品牌。

7 服务要求，包括产品服务要求和工程服务要求。产品服务包括成品保护、安装调试、验收、培训、故障响应及技术服务、备品备件供应保障要求；工程服务包括质量保障、进度保障、人员配置、安全生产等各项措施。

8 资料文档，包括产品资料、产品检测认证报告、实施过程需交付的各类文档。

4.4 投标文件组成

4.4.1 投标文件应由报价文件、商务投标文件、技术投标文件组成。

4.4.2 报价文件应包括产品报价和服务报价。产品报价包括产品名称、型号、单价、数量、总价；服务报价包括技术服务、安装服务、培训服务、维保服务、备品备件。

4.4.3 商务投标文件应由投标方按照招标文件要求编制。商务投标文件宜包括投标方的资质、授权、人员、业绩、无犯罪记录、商务响应及偏离表。商务响应及偏离表的内容应包括招标编号、条款号、招标文件商务需求、投标文件响应内容和偏离说明。投标方需按招标文件"商务条款"的要求逐条应答，回答应以"满足"或"不满足"明示承诺。除"满足"项目外，必须在偏离说明一栏中对偏离予以详细说明。商务响应及偏离表的格式可参考表4.4.3。

<table>
<tr><td colspan="2" align="center">商务响应及偏离表</td><td colspan="2" align="right">表 4.4.3</td></tr>
</table>

项目名称		招标编号	
序号	商务条款	投标文件的响应情况	偏离响应说明
1	交货期		
2	履约保证金		
3	投标有效期		
4	付款方式		
5	质保期		
6	体系		

投标方名称（盖章）

注：1. 投标文件的响应情况和偏离说明，应根据商务需求填写，并在"说明"栏注明"正偏离""负偏离"或"无偏离"。

2. 若无偏离应在本表空白处醒目地注明"无商务条款偏离"的字样。

3. 此表在不改变表式的情况下，可自行扩展。

4.4.4 技术投标文件应由投标方按照招标文件要求编制。技术投标文件宜包括对系统范围、系统架构、施工界面、工艺要求、产品规格、设备清单、服务要求、资料文档的实质性响应说明。

4.5 评分要素

4.5.1 采购及招标阶段制定的招标评分标准，其技术、商务、报价宜按40%、20%、40%的权重比例分配。

4.5.2　评标合计总分应为报价评分、商务评分、技术评分之和，并按评标合计总分高低顺序确定预中标候选人排序。

4.5.3　技术、商务、报价的分值权重划分可参考表4.5.3规定。

技术、商务、报价分值权重　　　　　　　　　　　　　　　表 4.5.3

分类及权重	分解内容
技术评分 40 分	技术方案 18 分，组织实施 10 分，服务承诺 12 分
商务评分 20 分	企业资质 5 分，产品资质 5 分，人员资质和团队业绩 5 分，类似案例 xx 万以上）5 分
报价评分 40 分	通常为"固定价法"、"加权平均值法"、"最低价法"三种方式，宜采用"固定价法"（以标底×万作为本次招投标价格的基准值，价格分＝40－｜40×（报价－基准价)/基准价｜)

4.6　评标、中标和签约

4.6.1　评标程序宜由开标、评标、竞争性洽谈、定标环节组成。开标之前应对投标文件的完整性和合规性进行确认，确认无误后公开唱标，进入评标环节。

4.6.2　评标原则应符合下列要求：

1　评标过程应公平、公正、公开。

2　评标责任由招标方依法组建的评标专业委员会承担。

3　评标过程应在有效监管的情况下进行，任何单位和个人不得非法干预、影响评标的过程和结果。

4　评标过程中，与投标方及其制造商有利害关系的评委应回避。

5　评标专业委员会应按照招标文件确定的评标标准和方法，对投标文件进行评审，设有标底的，应参考标底。

4.6.3　完成评标后，评标专业委员会应向招标方提出书面评标报告，并推荐合格的中标候选人。招标方与候选人进行竞争性洽谈，进入定标环节，确定中标方；也可授权评标专业委员会确定中标方或直接确定中标方。

4.6.4　确定中标方后，应按照评标结果公示程序进行公示，并履行告知义务。

4.6.5　完成公示程序后，招标方应以书面形式向中标方发出《中标通知书》，作为具有法律效力的签约依据。

4.6.6　完成中标通知程序后，中标方应按《中标通知书》指定的时间、地点与建设方签订合同。合同签订后，中标方缴纳履约保证金或开具履约保函。

二、主要阶段、内容及角色（表4-1）

主要阶段、内容及角色　　　　　　　　　　　　　　　　表 4-1

阶段	主要内容	主要描述	角色	备注
4.1 一般 规定	4.1.1 招标 阶段	招标阶段包括：项目的招标、澄清、投标、评标、竞争性洽谈、定标、公示、中标及签约。 1. 招标：设计方编制招标文件，并提交建设方确认 2. 澄清：招标方对招标文件中有疑问的地方向投标方提出澄清 3. 投标：投标方投标 4. 评标：招标方拟定评标规则，并提交建设方确认 5. 竞争性洽谈：招标方与投标方针对此次招标进行谈判		

续表

阶段	主要内容	主要描述	角色	备注
4.1 一般规定	4.1.1 招标阶段	6. 定标：招标方根据评标和竞争性谈判结果确定排名 7. 公示：招标方对定标结果在网上进行公示 8. 中标：公示期满无异议后，确定中标方 9. 签约：招标方与投标方签订合约 10. 其他：无	设计方、建设方、招标方、投标方、中标方	
	4.1.2 招标内容	甲方的具体建设内容，含商务要求和技术要求		
4.2 招标	4.2.1 招标	编制招标文件，包括商务条款、技术条款及投标文件组成要求，并明确招标方式，见表4-2 投标人须知附表和表4-3 招标文件的组成	设计方、建设方	
	4.2.2 澄清	对标书文件疑问点澄清，详见表4-4 问题的澄清	招标方、投标方	
	4.2.3 投标	投标方报名、缴纳保证金、阅读标书、理解标书、满足标书要求制作投标文件，并按标书要求规定的形式和时间交标	投标方	
	4.2.4 投标	报价文件/技术投标文件/商务投标文件，详见表4-5 投标文件组成	投标方	
4.3 评标	4.3.1 评标	技术、商务、报价按40%、20%、40%的权重比例分配，详见表4-6 开标记录、表4-7 评标办法	招标方、建设方	
	4.3.2 竞争性洽谈	技术、商务、报价按40%、20%、40%的权重比例分配	招标方、投标方	
	4.3.3 定标	报价评分、商务评分、技术评分之和，并按评标合计总分高低顺序确定预中标候选人排序	招标方、建设方	
中标	4.4.1 中标	向预选中标人发送中标通知书，详见表4-8 中标通知书、表4-9 中标结果通知书、附表4-10 确认通知	招标方	
	4.4.2 公示	正式挂网公示投标结果	招标方、建设方	
	4.4.3 签约	签订合同/缴纳履约保证金或开具履约保函	建设方、中标方	

三、流程框图

采购及招标流程框图、评标流程框图、中标流程框图分别见图4-1～图4-3。

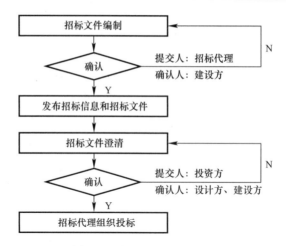

图 4-1　采购及招标流程框图

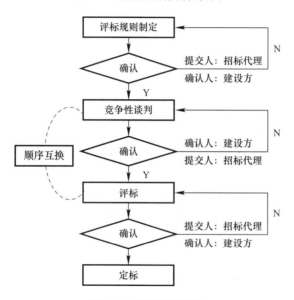

图 4-2　评标流程框图

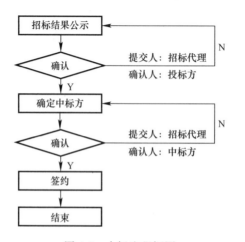

图 4-3　中标流程框图

四、其他

1. 投标人须知附表

投标人须知附表

表 4-2

序号	事项	主要内容描述
1	招标人	（招标人名称、地址及联系方式）
2	招标代理机构	（代理机构名称、地址及联系方式）
3	项目名称	
4	建设地点	
5	资金来源及比例	
6	资金落实情况	
7	招标范围	
8	计划工期	（计划工期：××日历天 计划开工日期：yyyy 年 mm 月 dd 日 计划竣工日期：yyyy 年 mm 月 dd 日）
9	质量标准	（符合 MMDC 验收标准）
10	投标人资质条件、能力和信誉	1. 单位要求：独立法人资格。 2. 资质要求：投标人须具备电子与智能化工程专业承包三级及以上，或建筑智能化系统设计专项乙级及以上，或机电工程施工总承包三级及以上资质。 3. 人员要求：拟派往本项目的实施人员具备专业技能资格证书（例如低压电工作业证、制冷与空调作业证、焊接与热切割作业证等）。 4. 信誉要求：3 年内无违法、违纪、违规记录
11	是否接受联合体投标	
12	踏勘	
13	投标预备会	
14	投标人提出问题的截止时间	
15	招标书面澄清的时间	
16	投标人拟分包的工作	
17	偏离	技术要求不允许负向偏离
18	投标截止时间	见招标公告
19	投标人确认收到招标文件澄清的时间	见招标公告
20	投标人确认收到招标文件修改的时间	
21	构成投标文件的其他资料	
22	投标限价	
23	投标有效期	
24	投标保证金	投标保证金的金额：××万元。转账的投标保证金应在 yyyy 年 mm 月 dd 日 hh：mm 时前汇至××投标保证金专用账户。 投标人基本账户与其缴纳投标保证金的网银账户不一致的，应对其转入网银账户的银行凭证是否是基本账户进行检查，不是基本账户的，作废标处理

续表

序号	事项	主要内容描述
25	投标保证金退还	投标保证金由×××退还到投标人的基本账户
26	投标保证金不予退还的情形	有下列情形之一的，投标保证金将不予退还： 1. 投标人在投标截止时间后撤回其投标文件。 2. 中标人在收到中标通知书后，无正当理由拒签合同。"拒签合同"是指①明示不与招标人签订合同；②没有明示但不按照招标文件、中标人的投标文件、中标通知书要求与招标人签订合同。 3. 中标人有非因不可抗力而放弃中标、提出附加条件更改合同实质性内容、不按招标文件规定提交履约保证金的行为，建设行政主管部门、发展改革部门、监察部门认定的其他无故放弃中标行为等情形的，招标人有权取消中标资格，没收其投标保证金。同时，由于无故放弃中标给招标人造成的损失超过投标保证金的，对超过部分应当进行赔偿。如果中标人拒不按承诺赔偿损失的，招标人可依法提起诉讼追偿，并按有关法律、法规和规章进行处理，记录不良行为。 4. 投标人在投标活动中串通投标、弄虚作假的，投标保证金不予退还
27	近 3 年财务状况	
28	近 5 年完成的类似项目	
29	近 3 年发生的重大诉讼及仲裁情况	
30	投标文件份数	
31	装订要求	1. 投标文件的正本和副本一律用 A4 复印纸（图纸、表格及证件除外）编制和复制。 2. 投标文件的正本和副本应采用粘贴方式左侧装订，不得采用活页夹等可随时掉换的方式装订，不得有零散页。 3. 投标文件应严格按照"投标文件格式"中的目录次序装订；若同一册的内容较多，可装订成若干分册，并在封面标明次序及册数。 4. 投标文件中的证明、证件及附件等的复印件应集中紧附在相应正文后面，并尽量与前面正文部分的顺序相对应
32	投标文件的密封	1. 投标文件的正本与副本应分开包装，正本一个包装，副本一个包装。 2. 提供电子文档×份，电子文档单独包装。 3. 每一个包装都应在其封套的封口处加贴封条，并在封套的封口处加盖投标人单位（鲜章）
33	封套上应载明的信息	1. 招标人的地址 2. 招标人名称 3.（项目名称）投标文件 4. 在 yyyy 年 mm 月 dd 日时（北京时间）前不得开启
34	递交投标文件地点	
35	是否退还投标文件	
36	开标时间和地点	1. 开标时间：同投标截止时间 2. 开标地点：×××
37	开标程序	
38	评标委员会的组建	评标委员人数≥3 人（奇数）
39	评标办法	
40	是否授权评标委员会确定中标人	招标人按照评标委员会推荐中标候选人的顺序确定中标人。若出现并列名次时，以资质等级较高的优先
41	中标候选人公示媒介	×××网、×××网上发布
42	履约担保	1. 履约担保的形式：现金担保、银行保函或保证保险。 2. 履约担保的金额：按投标人中标金额×％缴纳。 3. 缴纳及退还：中标人在收到中标通知书后 15 个日历天内缴纳，在本项目竣工及验收通过后的 28 个日历天内退还

2. 招标文件的组成

招标文件的组成　　　　　　　　　　　　　　　　　　　　　表4-3

序号	事项	主要内容描述
1	招标公告（或投标邀请书）	
2	投标人须知	
3	评标办法	
4	合同条款及格式	
5	发包人要求	
6	发包人提供的资料和条件	
7	投标文件格式	
8	投标人须知前附表规定的其他资料	
9	对招标文件所做的澄清、修改，构成招标文件的组成部分	

3. 问题的澄清

问题的澄清　　　　　　　　　　　　　　　　　　　　　　　表4-4

问题的澄清

编号：

（项目名称）招标评标委员会：

　问题澄清通知（编号：）已收悉，现澄清如下：

　1.

　2.

投标人：（盖单位章）

法定代表人或委托代理人：（签字）

年　月　日

4. 投标文件组成

投标文件组成　　　　　　　　　　　　　　　　　　　　　表4-5

序号	事项	主要内容描述
1	投标人基本情况表	
2	投标函及投标函附录	
3	法定代表人身份证明	
4	授权委托书	
5	投标保证金	
6	投标报价	
7	承包人实施方案	
8	资格审查资料	
9	投标人须知前附表规定的其他资料	

5. 开标记录

开标记录

（项目名称）招标开标记录表

开标时间：　年　月　日　时　分　　　　　　　　　　　　　表4-6

序号	投标人	密封情况	投标保证金	投标报价（万元）	质量标准	工期	备注	签名
招标人编制的标底/最高限价								

招标人代表：　　记录人：　　监标人：

年　月　日

6. 评标办法

根据《中华人民共和国政府采购法》、《中华人民共和国政府采购法实施条例》和《政府采购货物和服务招标投标管理办法（财政部令 2017 年第 87 号）》的有关规定，并结合本项目招标文件中的有关要求，特制定本办法。

（1）评标原则

1）由依法组建的评标委员会对符合资格的投标人的投标文件进行符合性评审，以确定其是否满足招标文件的实质性要求，通过符合性审查的投标文件才可以进入详细评审。

2）详细评审采用综合评分法，投标人的综合得分为投标人技术分、商务分和价格分的合计得分，总分为 100 分；其中价格分为 40 分、商务分为 20 分，价格分为 40 分。技术分依据评标委员会打分合计后的算术平均值作为投标人技术分。评分分值计算保留小数点后 2 位，小数点后第 3 位"四舍五入"。

（2）评标程序

1）符合性评审

表 4-7-1

序号	评审因素	评审标准
1	投标人名称	与营业执照、资质证书一致
2	投标函签字盖章	有法定代表人或其委托代理人签字或加盖单位章
3	投标文件格式	符合标书具体要求
4	报价唯一	符合标书具体要求
5	营业执照	具备有效的营业执照
6	生产厂商针对本项目对代理商的授权书	代理商投标提供，要求加盖生产厂商公章
7	ISO 9001、ISO 14001、OHSAS18001 系列认证证书	要求在有效期内
8	对招标文件提出的实质性要求和条件未作出响应的或不满足的，招标文件实质性条款为招标文件中所有标注"★号"或"▲号"的条款	逐条响应，且满足具体要求

注：以上符合性评审如出现一处不符合要求，其投标文件将作无效标处理

2）综合评审

① 综合评审按照技术、商务及价格三个评价阶段的顺序依次进行。招标文件中标注"★号"或"▲号"的技术、商务及价格评价内容为主要条款，对这些条款的偏离将导致废标。每一评价阶段被判定为不合格的，不进入下一步评议。

② 评标委员会成员依据招标文件对投标独立打分（被判定为不合格的除外），并分别计算各投标人的技术、商务及价格评价内容的分项得分，凡招标文件未规定的标准不得作为加分或者减分的依据。

③ 价格得分计算公式：采用固定价法。

④ 投标人的综合得分等于其技术、商务及价格评价内容三部分分项得分之和。

3）综合排名

应当根据综合得分对各投标人进行排名。综合得分相同的，依照价格、技术及商务评价内容的分项得分优先次序类推。

（3）评分标准

技术标准　　　　　　　　　　　　　　　　　　　　　　　　表 4-7-2

序号	评分因素	满分	评分标准	得分
1	内容的整体编制水平	2分	内容完整无缺漏，响应全面，编排合理，有目录且页码编制准确无误2分；内容缺漏或完全照搬招标文件技术要求，无目录，编排混乱0分	0～2
2	技术要求	24分	2.1 方案布局：要求采用密闭通道技术，不接受开放式布局。满足要求3分，不满足0分	0～3
			2.2 空调技术要求：空调产品应选用 COP 值≥3.0，3分；COP 值≥2.5，1分；COP 值＜2.5，0分	0～3
			2.3 UPS 技术：为满足高效、易扩容、易维护特性，要求采用模块化 UPS，满足3分，不满足0分	0～3
			2.4 能效要求：应结合工程实际需求，由业主方确定相应得分标准	0～2
			2.5 动环要求：要求每个微模块提供一个整体的环境和动力监控接口，实现对模块内供配电、空调、温湿度、漏水检测、烟雾、视频等设备的不间断监控，发现部件故障或参数异常，及时采取颜色、E-mail、SMS 和声音告警等多种报警方式，记录历史数据和报警事件。满足2分，不满足0分	0～2
			2.6 监控组网：为提升监控系统可靠性，要求制冷系统、供电系统的信号传输及传感器的供电均无单点故障，请提供微模块监控系统组网图加以说明。满足3分，不满足0分	0～3
			2.7 消防要求：微模块应具备早期报警、自动灭火、消防联动功能，每少一项减1分	0～3
			2.8 品牌要求：为保证一致性和整体交付质量，密闭通道件、供配电设备、精密空调、机柜、模块级管理系统要求使用同一品牌。满分5分，每多一个品牌，扣1分，扣完为止	0～5
3	技术方案	5分	3.1 方案科学性：科学2分，较科学1分	0～2
			3.2 设计合理性：合理2分，较合理1分	0～2
			3.3 是否满足要求：满足1分，部分不满足0分	0～1
4	项目实施方案	5分	4.1 重点、难点分析：准确2分，基本准确1分	0～2
			4.2 对应措施：具体可行1分	0～1
			4.3 实施方案合理性：合理2分，基本合理1分	0～2
5	培训	2分	有完善、合理的培训计划和考核计划2分，少一项减1分	0～2
6	调试验收方案	2分	针对项目特点，有调试方案、验收标准和实施方法等。优秀2分，良好1分，较差0分	0～2
	总分	40分	40分	

商务部分　　　　　　　　　　　　　　　　　　　　　　　　表 4-7-3

序号	评分因素	满分	评分标准	得分
1	企业实力	3分	投标人需满足如下要求： 具有 ISO 9001 质量管理体系认证 0.5分； 具有 ISO 14001 环境管理体系认证 0.5分； 具有 OHSAS18001 职业健康安全管理认证 0.5分； 企业资质 1分； 安全生产许可证 0.5分	0～3
2	项目业绩	12分	生产厂商需提供近2年（时间以合同签订日期为准）同类型项目合同扫描件，项目规模不小于本项目。每个项目2分，最高12分	0～12
3	资格声明	5分	投标资格要求文件满足招标文件要求，满足5分，所有不满足0分	0～5
	合计	20分		

价格部分　　　　　　　　　　　　　　　　　　　表 4-7-4

序号	评分因素	评分标准	得分
1	分值构成	总分：40 分	
2	评标基准价计算方法	以有效投标文件的投标报价算术平均值 A 为评标基准价	
3	投标报价的偏差率计算公式	偏差率＝100％×(投标人报价－评标基准价)/评标基准价	
4	投标报价评分标准	基本分 40 分，加分与扣分项以基本分为基准值。 (1) 有效投标人的投标报价与 A 值相等的，得基本分 40 分。 (2) 有效投标人的投标报价高于 A 值的，比 A 值每高 2％扣 1 分，不足 2％按插入法计算。 (3) 有效投标人的投标报价低于 A 值的，比 A 值每低 2％扣 0.5 分，不足 2％按插入法计算	0～40
	总分	40 分	

7. 中标通知书

中标通知书　　　　　　　　　　　　　　　　　　　表 4-8

中标通知书
中标人名称
你方于（投标日期）所递交的（项目名称）招标的投标文件已被我方接受，经过本项目评标委员会评审确认，被确定为中标人。 　中标价：×××元。 　工期：×××日历天。 　质量标准： 　项目总负责人（项目经理）：（姓名）。 　请你方在接到本通知书后的×××日内到（指定地点）与我方进行竞争性谈判，在此之前按招标文件第二章"投标人须知"第 7.4 款规定向我方提交履约担保。 　随附的澄清、说明、补正事项纪要，是本中标通知书的组成部分。 　特此通知。 　附：澄清、说明、补正事项纪要
招标人：（盖单位章） 法定代表人：（签字） 年　月　日

8. 中标结果通知书

中标结果通知书　　　　　　　　　　　　　　　　　　　表 4-9

中标结果通知书
（未中标人名称）：
我方已接受（中标人名称）于（投标日期）所递交的（项目名称）施工招标的投标文件，确定（中标人名称）为中标人。 　感谢你单位对我们工作的大力支持！
招标人：（盖单位章） 法定代表人：（签字） 年　月　日

9. 确认通知

确认通知

表 4-10

确认通知

（招标人名称）：

你方于___年___月___日发出的关于（项目名称）中标结果的通知，我方已于___年___月___日收到。
特此确认。

投标人：（盖单位章）

年　月　日

第五章 进场与设备验收

一、《MMDC标准》原文

5 进场与设备验收

5.1 技术文件提交与确认

5.1.1 施工方在进场后应根据招标文件、设计文件、现场条件，结合产品特征完善设计文件，并提交技术文件，包括设计说明、施工图、计算书、材料及设备清单。

5.1.2 设计说明应包括施工图设计总说明，各专业系统设计说明及节能专篇。

5.1.3 设计图纸应包括MMDC工程的土建、电气、空调、给水排水、安防、通信、消防等施工图以及网络拓扑图、接口布置图，且应符合下列规定：

1 土建施工图宜包括工艺布置图、装饰装修图、结构加固图、综合管路剖面图。

2 电气施工图宜包括电气干线系统图、箱（柜）系统图、电力及照明平面图、防雷及接地平面。

3 空调、给水排水施工图宜包括专业系统及平面图。

4 安防及通信施工图宜包括布线、安防、环境和设备监控系统图和平面图。

5 消防施工图宜包括火灾自动报警及消防联动、灭火、防排烟系统图和平面图。

6 网络拓扑图宜包括上下级机房的层级、位置、互联关系。

7 接口布置图应包括各相关专业接口的连接位置及形式，明确管线的颜色及标识。

8 施工图深度应满足《建筑工程设计文件编制深度规定（2016年版）》及建设方要求。

5.1.4 节能专篇应包括设备及运维管理的节能措施。

5.1.5 有条件的建设方可采用BIM技术实现设计、施工、运维的全生命期管理。

5.1.6 施工方或第三方应提供施工图预算书。

5.1.7 建设方对施工设计文件应提供书面确认文件。涉及结构加固的设计文件应获得相关部门的批准。

5.2 建筑现场条件

5.2.1 建筑专业现场条件应满足下列规定：

1 开工手续齐备，现场具备开工条件。

2 场地的面积及层高满足MMDC建筑要求。

3 海拔高度不得高于2000m。

4 装饰要求包括地面均匀、平整牢固、无缝隙；顶面和墙面表面平整、边缘整齐，排布合理，无变色、翘曲、缺损、裂缝、腐蚀等缺陷；门窗、密闭、牢固，开闭自如。材料应符合现行国家规范《建筑内部装修设计防火规范》（GB 50222）的规定。

5 设备安装位置应符合设计要求，运输通道满足设备搬运要求。

5.2.2 结构专业现场条件应符合下列规定：

1 结构形式可为钢结构、混凝土结构或钢筋混凝土结构。

2 楼板及运输通道的荷载满足设计和产品使用要求。

5.2.3 机电专业现场条件应符合下列规定：

1 现场设备质量符合设计和产品说明书的要求；设备和装置的名称、型号、数量和技术参数应符合设计要求；标识完整明确。

2 设备的安装基础符合抗震等级要求。

3 场地具有满足设备使用要求的防雷接地装置。

5.2.4 环境专业现场条件应符合下列规定：

1 机房内温湿度、空气洁净度和有害气体浓度应符合附表 A MMDC 等级分类表的要求。

2 机房外噪声应符合规范附表 A MMDC 等级分类表的要求。

3 照明宜采用 LED 光源，显色指数宜符合附表 A MMDC 等级分类表的要求。

5.2.5 施工安全现场条件应符合下列规定：

1 施工现场水、电、交通、通信的供给满足施工进场要求。

2 施工环境温度 15～32℃，相对湿度 20%～80%。

3 现场堆放的施工材料、设备及物品整齐有序，进行标识和记录，现场具备防火防盗设施，并满足施工安全条件。

5.3 施工管理

5.3.1 施工进场应提交施工申请报告，报告附件包括技术文件、施工组织方案，且应符合下列规定：

1 技术文件包括正式的施工图、工程安全和技术交底文件。

2 施工组织方案包括人员配置、进度计划、质量保证措施、安全措施、场地规划。

5.3.2 设备进场应符合下列规定：

1 提供主要设备及材料到货清单、合格证、检测报告。

2 有完善的运输方案和保障措施，现场条件满足设备的运输、装卸、仓储条件。

5.3.3 设备及材料现场检验应提交检验申请报告，报告附件包括设备材料到货清单、现场职能部门检验、验货确认，且应符合下列规定：

1 根据设备材料到货清单点验货物，确定检验方式及抽样产品数量。

2 由建设方、监理方、施工方和供货方共同检验现场主要设备及材料。

3 由建设方和监理方进行外观检查，确认无损坏后再开箱检验并签字确认。

5.3.4 设备及材料现场保存应作记录，填写入库单、出库单。设备材料按照要求进行储存和保护。

二、主要阶段、内容及角色（表5-1）

主要阶段、内容及角色　　　　表 5-1

阶段	主要内容	主要描述	角色
5.1　技术文件提交与确认	5.1.1　计算书	计算书包括土建及装饰装修、电气、暖通、智能化和消防专业的计算书。 1. 土建及装饰装修计算书 （1）建筑楼面承重及荷载计算书 （2）建筑楼面加固计划计算书 （3）设备承载散力架计算书 2. 电气计算书 （1）UPS 负荷计算书和 UPS 蓄电池配置计算书 （2）暖通动力负荷计算书 （3）照明负荷计算书 （4）柴发应急负荷计算书 （5）机房电力总负荷计算书 （6）EEUE 计算书 EEUE 计算公式：电能使用效率（EEUE）＝数据中心总能耗/IT 设备总能耗。其中，数据中心总能耗 ＝ IT 设备总能耗＋制冷用电能耗＋供配电损耗＋照明用电能耗＋其他用电能耗 （7）机房照度计算书 （8）绿色节能合理化建议的负荷优化计算书 3. 暖通计算书 （1）机房空调制冷负荷量计算书 （2）排风及新风系统风量计算书 （3）暖通系统各类风管水管计算书 （4）室外设备（室外机、冷却塔等）承重及空间计算书 （5）绿色节能合理化建议的负荷优化计算书 4. 智能化计算书 （1）各智能化子系统点位计算表 （2）综合布线系统线缆及机柜空间计算书 （3）安防系统存储设备计算书 （4）动力环境监控的数据采集量计算书 5. 消防监控和灭火设备计算书 （1）消防监控点位计算书 （2）灭火系统（气体、水、水喷雾等）设备用量及管线计算书	提交方：施工方；确认方：建设方，设计方，监理方
	5.1.2　设计说明	设计说明应包括施工图设计总说明、各专业系统设计说明及节能专篇。 1. 设计阶段：MMDC 的设计根据需要可分为方案设计、初步设计、施工图设计及深化设计四个阶段。 2. 施工图设计说明应包括施工图设计总说明、各专业系统设计说明及节能专篇。 3. 施工图设计总说明：包括设计依据、设计标准、设计原则，应准确描述工程概况、设计范围和界面、规划条件、机房等级要求、基础资料等。 4. 各专业系统说明：包括各子系统的用途、结构、功能、设计原则、系统点表、主要材料、系统及主要设备的性能指标。 5. 节能专篇：包括设备选型及运维管理的节能措施	提交方：施工方；确认方：建设方、设计方、监理方

续表

阶段	主要内容	主要描述	角色
5.1 技术文件提交与确认	5.1.3 施工深化设计图	设计图纸应包括 MMDC 工程的土建、电气、空调、给水排水、安防、通信、消防等施工图以及网络拓扑图、接口布置图。施工图深度应满足《建筑工程设计文件编制深度规定（2016 年版）》及建设方要求。各设计图包括说明、系统、平面、节点详图，关注设备的位置、数量、材质、路由、规格，包括的要素主要有： 1. 工艺布置：机房机柜平面布置图、机柜内设备（网络交换设备、配线架、电源）布置（安装）图。 2. 土建施工图：位置、面积、层高、通道、门窗及墙体符合防火要求、防水、荷载等要素。 3. 机电施工图：供电电源、电压等级、供电容量、负荷等级、负荷容量、空调制冷量、温湿度要求、气流组织、空调室外机安装位置、电源线路路由、空调冷媒管线路由、给水排水管线路由和电气、暖通专业接口等要素。 4. 智能化施工图：智能监控点位，综合布线路由、安全防范线路路由、环境监控线路路由和智能化专业接口等要素。 5. 装饰装修施工图：装修面积、层高、人流物流通道、装修地面、顶面、门窗及隔断、墙体符合防火要求、地面防水、设备重力荷载对地面的影响、楼板、隔断和墙体穿越线管桥架的孔洞的防火隔离封堵、综合线管桥架路由防冲突整合。 6. 消防施工图：消防分区、消防报警探测点位、消防灭火系统和消防联动。 7. 其他：各专业施工图纸应包括但不限于如下图纸 （1）土建及装饰装修：功能分区及设备布置平面图、各部位（墙、顶、地、平、立、剖）施工平面图、各部位（墙、顶、地、平、立、剖）施工大样图、各部位（墙、顶、地、平、立、剖）施工节点图和加固施工图、效果图、主要设备材料表。 （2）电气：电气干线系统图、配电箱（柜）系统图、平面布置图（包括设备、线管桥架、电缆线路、照明和接地等）、节点图、大样图、负荷计算书、主要设备材料表。 （3）暖通系统（空调、新风、排风、排烟、给水排水）：暖通系统图、平面布置图（包括设备、冷媒管、给水排水管、风管）、节点图、大样图、负荷计算书、主要设备材料表。 （4）智能化（综合布线系统、安全防范系统、设备及环境监控系统）：智能化系统图、网络拓扑图、平面布置图（设备及点位、桥架线管）、点位表、节点图、大样图、配线架布置图、通信和通信接口图、网络端口分配表。 （5）消防及消防报警：系统图（消防灭火、消防报警、消防联动）、平面布置图（设备及管线桥架、探测器点位）。 （6）综合管路：各专业桥架管路综合平面布置图、BIM 模型及碰撞分析	提交方：施工方；确认方：建设方，设计方，监理方
	5.1.4 节能措施说明书	节能措施包括设备节能和运维节能。 1. 设备节能 （1）选用节能型产品（IT 设备、UPS、空调、照明灯具）	提交方：施工方；确认方：建设方，设计方，监理方

阶段	主要内容	主要描述	角色
5.1　技术文件提交与确认	5.1.4　节能措施说明书	（2）电力线路的导体材质选择铜有利于节能，因为铜的电阻率低、载流量大、电压损失小、能耗低。 （3）电力线路导体在截面积选用时考虑其经济截面有利于节能。如在相同的负荷下，适当给电缆截面余量，使得电缆的电流密度减小，电缆的发热损耗就减小。 （4）机房IT设备数量一般是逐步增加的规律，其负载量随之逐步上升，可规划分期投入UPS系统的带载容量，有利于减少设备的初期投资和提高UPS的带载率而降低能耗。 （5）在精密空调的送回风方式上采用下送风、上回风的机房精密空调，更有利于节能。 （6）对于高密度用电量的机柜采用行间空调制冷，缩短送回风路径，有利于提高空调的制冷效率。 （7）机房的加湿宜采用湿膜加湿器代替机房空调自带的加湿器，有利于节能。 （8）采用封闭冷通道提升机房内部的制冷效率。 2.运维节能 （1）保持机房内部与外部良好的绝热隔离。 （2）控制好机房温湿度有利于延长设备使用寿命。 （3）在机柜的空位处安装盲板可以简捷有效地阻止冷热气流短路引起的能耗损失。 （4）采用智能管理软件进行系统优化、通过大数据软件分析调整运行模式实现节能	
	5.1.5　BIM技术管理	若有条件，可以采用BIM技术实现设计、施工、运维的全生命周期管理，关注设计、施工、运维模型的信息传递： 1.BIM设计 在设计阶段，主要是利用BIM技术支持，使规划、设计、竞标、施工、经营、管理各个环节链接在一起，使项目的前期与施工过程的信息保持一致。 2.BIM施工 在施工阶段，结合PM进行施工管控，主要是利用BIM技术模拟施工、检查施工碰撞、建筑的三维渲染（用于展示给客户）、保存积累的经验以及收集各方面数据。 3.BIM运维 在运维管理阶段，BIM技术可以支持设备管理，根据BIM模型的基本信息及时对设备进行更新、经营管理、故障影响分析和利用三维模型快速分析故障，以及分析停运设备所影响的房间范围	
	5.1.6　预算书	施工图预算是根据施工图、预算定额、各项取费标准、建设地区的自然及技术经济条件等资料编制的建筑安装工程预算造价文件，预算书包括预算编制说明、设备和材料的工程量清单，设计、监理、施工、验收的费用，税费和质保期运维费等费用，其中： 1.预算编制说明 内容包括预算选用方式和依据标准；项目所在地定额/综合单价等。 2.工程量清单 工程量清单的内容包括：封面，填表须知，总说明，分部分项工程量清单、措施项目清单、其他项目清单、零星项表和主要材料价格表等	提交方：施工方；确认方：建设方，设计方，监理方

阶段	主要内容	主要描述	角色
5.1　技术文件提交与确认	5.1.6　预算书	3. 施工费用 施工费用包括直接费用、间接费用、其他费用。 （1）直接费由人工费、材料费、施工机械使用费和其他直接费组成。 （2）间接费由企业管理费、财务费用和其他费用组成。 （3）其他费用是指按规定支付的定额编制测定费、工程投标管理费以及上级管理费等。 4. 验收费用 工程结束时验收的检测费入工程施工成本科目。工程所用的主要产品需要单独检测时，属于其他直接费用，应计入工程施工成本科目。 5. 工程设计费 一般包括初步设计和概算、施工图设计、按合同规定配合施工、进行设计技术交底、参加试车及工程竣工验收等工作的费用。 6. 工程监理费是指业主依据委托监理合同支付给监理企业的监理酬金。它是构成工程概（预）算的一部分，在工程概（预）算中单独列支	
	5.1.7　书面确认文件	建设方对深化设计文件应提供书面确认文件。深化设计确认文件较正式合同简单，是建设方和施工方在通过对深化设计文件达成一致认可后，双方加以确认的书面证明，经双方签署的确认文件，是法律上有效的文件，对双方具有同等的约束力。确认文件包括深化设计图纸、深化设计说明和深化设计工程量清单	提交方：施工方；确认方：建设方，设计方，监理方
5.2　建筑现场条件	5.2.1　建筑专业现场条件	建筑专业现场条件包括开工手续、场地面积和层高、海拔高度、装饰要求和设备安装位置。 1. 开工手续 开工前须具备的开工条件包含施工图纸、技术标准、施工技术交底情况、主要施工设备到位情况、施工安全和质量保证措施落实情况、现场施工人员安排情况、风水电等辅助生产设施准备情况，场地平整、交通、临时设施准备情况等。 开工手续包括（可根据具体项目情况确定）： （1）施工企业资质证书、营业执照及注册号、企业法人代码书 （2）施工企业安全生产许可证 （3）信用等级证书、质量体系认证证书、施工现场质量管理保证措施 （4）工程预算书、工程中标价明细表 （5）工程项目经理、技术总监或项目技术负责人及管理人员资格证书、上岗证（上述资料均为复印件） （6）建设工程特殊工种人员上岗证审查表及上岗证复印件（安全员、电工须持建设行业与劳动部门双证） （7）建设单位提供的水准点和坐标点复核记录 （8）施工组织设计方案的报审与审批 （9）建设工程开工报告 2. 场地面积和层高 （1）面积 主机房的使用面积宜根据电子信息设备的数量、外形尺寸和布置方式确定，并预留今后业务发展需要的使用面积。辅助区的面积宜为主机房面积的0.2～1倍。用户工作室的面积可按 3.5～4m²/人计算；硬件及软件人员办公室等有人长期工作的房间面积，可按 5～7m²/人计算	提交方：施工方；确认方：建设方，监理方

阶段	主要内容	主要描述	角色
5.2　建筑现场条件	5.2.1　建筑专业现场条件	面积大于 100m² 的主机房，安全出口不应少于两个，且应分散布置。面积不大于 100m² 可设置一个安全出口，并可通过其他相邻房间的门进行疏散。门应向疏散方向开启，且应自动关闭，并应保证在任何情况下均能从机房内开启。走廊、楼梯间应畅通，并应有明显的疏散指示标志。 　　(2) 层高 　　机房建筑层高应符合系统功能要求和设计要求。常用的机柜高度一般为 1.8～2.2m，气流组织所需机柜顶面至吊顶的距离一般为 400～800mm，故机房净高Ⅲ级不低于 2.8m，Ⅱ级不低于 2.6m，Ⅰ级不低于 2.3m。在满足电子信息设备使用要求的前提下，还应综合考虑室内建筑空间比例的合理性以及对建设投资日常运行费用的影响	
	5.2.2　结构专业现场条件	结构专业现场条件包括结构形式和楼板及运输通道的荷载。 　　1. 结构形式 　　建筑结构建议采用钢筋混凝土框架结构或钢筋混凝土框架加剪力墙结构。参照《建筑抗震设计规范》(GB 50011—2010)，抗震设防烈度为 7 度，设计地震分组为第一组。建议提高设计可靠性参数。 　　2. 荷载 　　楼板载荷要求如下：机房区结构荷载为 4～10kN/m²(针对具体情况，还需进行结构荷载核算)，机房机电设备通道及相关设备运输通道的活载在 6～16 kN/m² 以上，UPS电源室的活荷载在 8～10kN/m² 以上。电池室的活荷载在 16kN/m² 以上，总控中心载荷活荷载在 6kN/m² 以上，钢瓶间荷载活荷载在 8kN/m² 以上。 　　建筑楼板载荷不能满足要求时，可采用散力架分散设备载荷使之满足建筑楼板载荷要求。 　　风冷型精密空调是由室内机和室外机组成，如采用风冷型精密空调，其安装精密空调外机的屋面需考虑荷载问题	提交方：施工方；确认方：建设方，监理方
	5.2.3　机电专业现场条件	机电专业现场条件包括设备质量和资料、名称、型号、数量、技术参数和标识、安装基础抗震要求和场地防雷接地装置。 　　场地应具有满足设备使用要求的防雷接地装置，包括保护性接地和功能性接地。保护性接地包括：防雷接地、防电击接地、防静电接地、屏蔽接地等；功能性接地包括：交流工作接地、直流工作接地、信号接地等。 　　1. 保护性接地和功能性接地宜共用一组接地装置，其接地电阻应按其中最小值确定。 　　2. 对功能性接地有特殊要求需单独设置接地线的电子信息设备，接地线应与其他接地线绝缘；供电线路与接地线宜同路径敷设。 　　3. MMDC 内所有设备的金属外壳、各类金属管道、金属线槽、建筑物金属结构等必须进行等电位联结并接地。 　　4. 电子信息设备等电位联结方式应根据电子信息设备易受干扰的频率及 MMDC 的等级和规模确定，可采用 S 型、M 型或 SM 混合型	提交方：施工方；确认方：建设方，监理方

续表

阶段	主要内容	主要描述	角色
5.2　建筑现场条件	5.2.3　机电专业现场条件	5. 采用 M 型或 SM 混合型等电位联结方式时，主机房应设置等电位联结网格，网格四周应设置等电位联结带，并应通过等电位联结导体将等电位联结带就近与接地汇流排、各类金属管道、金属线槽、建筑物金属结构等进行连接。每台电子信息设备（机柜）应采用两根不同长度的等电位联结导体就近与等电位联结网格连接。 6. 等电位联结网格应采用截面积不小于 25mm² 的铜带或裸铜线，并应在防静电活动地板下构成边长为 0.6～3m 的矩形网格。 7. 等电位联结带、接地线和等电位联结导体的材料和最小截面积，应符合《数据中心设计规范》（GB 50174—2017）表 8.4.8 要求。 8. 按《建筑物电子信息系统防雷技术规范》（GB 50343—2012）要求设置电源及信号线路浪涌保护器	
	5.2.4　环境专业现场条件	环境专业现场条件包括机房内空气质量、照明和机房外噪音。 1. 机房内空气质量 （1）冷通道或机柜进风区域的温度：18～27℃；冷通道或机柜进风区域的相对湿度和露点温度：露点温度 5.5～15℃，同时相对湿度不大于 60%；主机房环境温度和相对湿度（停机时）：5～45℃，8%～80%，同时露点温度不大于 27℃；以上均不得结露。 （2）主机房和辅助区温度变化率：使用磁带驱动时 <5℃/h，使用磁盘驱动时 <20℃/h；辅助区温度、相对湿度（开机时）：18～28℃、35%～75%；辅助区温度、相对湿度（停机时）：5～35℃、20%～80%；不间断电源系统电池室温度：20～30℃。 （3）洁净度：Ⅲ级机房大于或等于 0.5μm 的悬浮粒子数应少于 1760 万粒/m³，Ⅱ、Ⅰ级机房大于或等于 0.5μm 的悬浮粒子数应少于 3520 万粒/m³。 （4）腐蚀性气体包括硫化物，氮氧化物，氮硫化物这些腐蚀性气体。 2. 机房照明 （1）主机房和辅助区一般照明的照度标准值应按照 300 lx～500 lx 设计，一般显色指数不宜小于 80。支持区和行政管理区的照度标准值应按现行国家标准《建筑照明设计标准》（GB 50034）的有关规定执行。 （2）主机房和辅助区内的主要照明光源宜采用高效节能荧光灯，也可采用 LED 灯。 （3）数据中心应设置通道疏散照明及疏散指示标志灯，主机房通道疏散照明的照度值不应低于 5 lx，其他区域通道疏散照明的照度值不应低于 1 lx	提交方：施工方；确认方：建设方、监理方
	5.2.5　施工安全现场条件	施工安全现场条件包括现场水、电、交通、通信、环境温度和相对湿度、施工物资管理、防火防盗和施工安全。 1. 施工现场水、电、交通、通信 场地布置及临时设施建设符合要求，施工现场做好五通一平，即自来水通、排水通、电通、网络通信通、道路畅通和场地平整工作。 临时用电线路应符合电气安全规定，临时配电箱（器）必须接漏电保护器，做到一机一闸一箱一漏，门锁齐全，电动机械、移动电动工具等设置漏电保护开关。 2. 施工环境温度和湿度 施工环境温度为 15～32℃，施工环境相对湿度为 20%～80%	提交方：施工方；确认方：建设方、监理方

续表

阶段	主要内容	主要描述	角色
5.2　建筑现场条件	5.2.5　施工安全现场条件	3. 施工物资管理、防火防盗和施工安全条件 　　场地布置及临时设施建设满足施工组织方案要求。材料仓库布置合理，危险品仓库与一般材料仓库、宿舍和临时工棚安全距离符合要求，现场堆放的施工材料、设备和物品整齐有序，有管理标识和记录，有完善的防火防盗安全措施。 　　施工现场建有防火责任制，职责明确。工地现场和生产重要环节设有足够的消防器材。施工现场设有畅通的消防通道、消防水源、消防用砂、消防器材和用具，对危险品仓库内的易燃物品、料具采取完善的防燃措施，没有违章存放易燃、易爆物品的现象。施工现场的临时建筑符合防火规定，明火作业符合有关防火规定。现场作业人员都已学习和掌握消防知识和消防器材使用。 　　施工现场采用封闭式硬质围挡高度不低于1.8m。设置标志牌和企业标识，按规定应有现场平面布置图和安全生产、消防保卫、环境保护、文明施工制度板，公示突发事件应急处置流程图。在施工现场出入口、施工起重机械、临时用电设施、脚手架、出入通道口、楼梯口、电梯井口等危险部位设置明显的安全警示标志和符合规范的防护装置，安全警示标志符合国家标准。 　　项目部为施工人员配备安全帽、安全带及与所从事工作相匹配的个人劳动防护用品。施工现场员工膳食、饮水、休息场所完全符合卫生标准	
5.3　施工管理	5.3.1　施工进场	施工进场应提交施工申请报告、技术文件和施工组织方案文件。 　　1. 施工申请报告 　　参考表格详见表5-2施工申请报告 　　2. 技术文件 　　(1) 设计资料 　　设计资料应包含如下内容：深化设计施工图纸：图纸目录、设计说明、平面图、大样图、节点图、系统图、效果图。技术方案：设计方案、引用规范、设备材料规格参数、设备材料表、计算书、深化工程量清单、深化过程会议纪要及深化设计会审记录。 　　(2) 技术交底 　　在技术负责人的主持下，施工单位、项目部应建立适应本工程正常履行与实施的施工技术交底制度。明确项目技术负责人、技术人员、施工员、管理人员、操作人员的责任。应在工程开工前界定哪些项目的技术交底是重要的，对于重要的技术交底，其交底内容编制完成后应由项目技术负责人审核或批准，交底时技术负责人应到位。整个施工过程包括各分部分项工程的施工均须做技术交底，对一些特殊的关键部位、技术难度大的隐蔽工程，更应认真做技术交底。对易发生质量事故和工伤事故的工种和工程部位，在技术交底时，应着重强调各种事故的预防措施。 　　技术交底应分层次展开，直至交底到施工操作人员。交底必须在作业前进行，并有书面交底资料。技术交底前应有书面的技术交底资料或示范、样板演示的准备。技术交底记录是履行职责的凭证，应及时完成，交底人和接受交底人也应在交底记录上签字。技术交底资料和记录应妥善保存，竣工后作为工程档案进行归档	提交方：施工方；确认方：建设方、监理方

阶段	主要内容	主要描述	角色
5.3　施工管理	5.3.1　施工进场	3. 施工组织方案 　　在施工组织方案中，应对项目组成员及各职能分工和职责权利充分说明。场地规划应说明各阶段不同功能场地的使用计划，对于特殊场地（材料仓库、有毒有害物品仓库、半成品加工区）做出明确的防范措施要求。 　　进度计划应说明项目整体工期计划、阶段性工期计划、主要材料设备到货计划、关键性时间点要求、进度保障计划。 　　应对项目质量等级做出明确定义，明确各专业和产品的质量保障措施。 　　安全文明措施应包括设备保护安全要求、人员施工安全保障措施、工具机具使用安全保障措施、符合当地安全文明施工条例的文明施工办法、紧急事件（安全伤害事故、火灾、盗窃、治安事件等）处理措施及紧急联系人。 　　施工组织方案中各章节组成可参考如下结构： 　　1. 工程概况：主要包括工程的基本情况，说明工程类型、建设目的、规模、建设地点、设计概况、建设期限、使用功能和作用等。 　　2. 平面布置和施工部署：平面布置是把投入的各种资源、材料、构件、机械、道路、水电供应网络、生产、生活活动场地和各种临时工程设施在施工现场合理布置。 　　施工部署主要包括施工用电，施工用水，施工道路。 　　3. 进度计划和施工方法：进度计划使施工工序在时间安排上有序而有效地进行。 　　施工方法包括各分部分项工程的主要施工方法、检验标准、注意事项、产品保护以及环境保护，各个重点难点部位的施工措施。 　　4. 设备材料进场计划和劳动力计划：设备材料进场计划是工程计划分次分批投入的主要计划。 　　劳动力计划是工程劳动力的计划安排。 　　5. 质量管理和成本控制：质量管理包括质量目标、质量方针、质量承诺、四新技术、质量保证体系、项目质量控制和保证措施。 　　成本控制是在保证工期和满足质量要求的前提下，采取相应管理措施，包括组织措施、经济措施、技术措施、合同措施，把成本控制在计划范围内，并进一步寻求最大程度的成本节约。 　　6. 安全生产文明施工和恶劣天气施工：安全生产文明施工包括安全生产管理目标、安全保证体系、安全管理制度、安全管理工作、安全经济措施、安全技术措施、安全应急救援预案和文明施工管理要求。 　　恶劣天气施工是针对工程在夏季、冬季、雨季等恶劣天气（或气温）做出的有利于施工的措施。 　　7. 成品保护：对工程中的半成品和成品给出相应的保护措施。 　　8. 创优措施和保修服务。 　　9. 施工图表：包括进度表、人员表、劳动力计划表、机械工具仪器表、施工总平面图、临时用地表等	
	5.3.2　设备进场	设备进场包括提供主要设备材料到货的资料和运输方案及保障措施。 　　1. 准备进场材料 　　"设备及材料到货清单"参考表格详见表5-3设备及材料到货清单。 　　产品合格证和检测报告为设备及材料随机资料，由项目部统一管理	提交方：施工方，供货方；确认方：建设方、监理方

续表

阶段	主要内容	主要描述	角色
5.3　施工管理	5.3.2　设备进场	2. 完善的设备运输方案和保障措施 对重要设备的运输要制定设备运输方案，在方案中要说明需要运输的设备名称、型号规格、包装、外形尺寸、重量、数量、运输起点和终点、运输时间、运输单位和人员、运输车辆和机械、起重机械、运输路线、安全保护措施等。 应核定现场条件满足设备的运输、装卸和仓储条件	
	5.3.3　设备及材料现场检验	设备及材料现场检验包括检验申请报告、到货清单和现场检验报告。 1. 设备及材料现场检验申请报告 参考表格详见表 5-4 设备及材料现场检验申请报告。 2. 设备及材料到货清单 "设备及材料到货清单"作为附件与"设备及材料现场检验申请报告"一并提交。 3. 设备及材料现场检验报告 参考表格详见表 5-5 设备及材料现场检验报告	提交方：施工方，供货方；确认方：建设方、监理方
	5.3.4　设备及材料现场保存	设备及材料现场保存记录包括入库单和出库单。 1. 设备及材料入库单，参考表格详见表 5-6 入库单。 2. 设备及材料出库单，参考表格详见表 5-7 出库单	提交方：施工方；确认方：监理方

三、流程框图

（1）技术文件提交与确认流程框图见图 5-1。

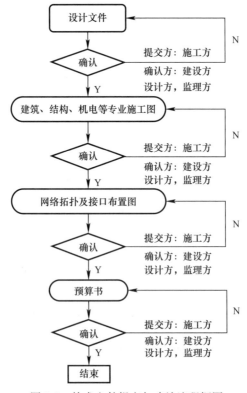

图 5-1　技术文件提交与确认流程框图

（2）建筑现场条件确认流程框图见图5-2。

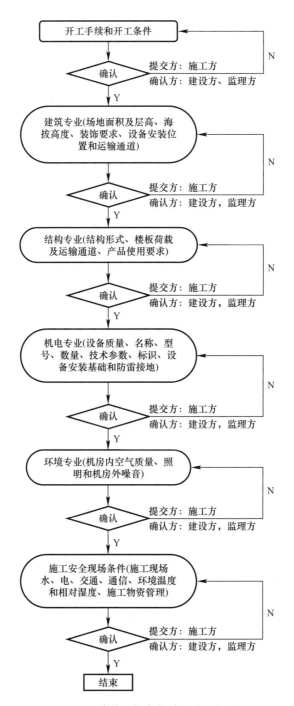

图5-2　建筑现场条件确认流程框图

（3）施工管理流程框图见图5-3。

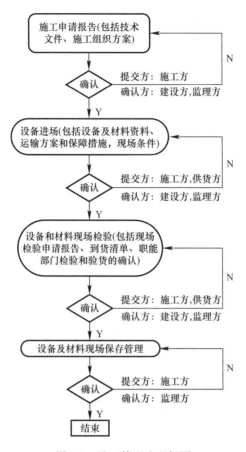

图 5-3　施工管理流程框图

四、其他

施工申请报告　　　　　　　　　　　　　表 5-2

工程名称				工程地点			
建设方		施工方		监理方			
建筑面积		结构层次		中标价格		承包方式	
定额工期		计划开工日期		计划竣工日期		合同编号	
说明	项目管理及施工人员、施工机械已经到达现场，场地布置及临时设施搭建完毕、用水、用电、交通和网络通信等条件符合施工要求，现场已经具备开工条件。						
上述准备工作已就绪，定于 yyyy 年 mm 月 dd 日 正式开工，希望建设方（监理方）于 yyyy 年 mm 月 dd 日前进行审核批准，特此报告。 施工方 项目经理：　　　　　　　　　　（公章） 　　　　　　　　　　　　　　　　　　　　　　　　　　　　　　　　　　年　月　日							
审核意见： 监理方 总监理工程师（或建设方项目负责人）：　　　　　　　　　　　　　　　　　　（公章） 　　　　　　　　　　　　　　　　　　　　　　　　　　　　　　　　　　年　月　日							

设备及材料到货清单　　　　　　　　　　　　　　表 5-3

工程名称：							
项目编号：							
序号	货物名称	规格型号	单位	数量	厂家（品牌）	外观	备注
施工方（签字）							
供货方（签字）							
日期							

设备及材料现场检验申请报告　　　　　　　　表 5-4

工程名称：×××××××××工程		编号：	
致：_____（监理方或建设方）			
兹申请检验：			
□1. 进场设备。			
□2. 进场材料。			
设备及材料名称：_____			
采购单位：_____			
拟用部位：_____			
附件（共__页）：			
□设备及材料到货清单。			
□产品出厂合格证和检测报告等随机文件。			
□其他有关文件。			
本次申验内容系第____次申验，届时本项目经理部已完成自验工作且资料完整，并呈报相应资料。			
	施工方项目经理部（章）：_____		
	项目经理：_____ 日期：_____		
监理方（或建设方）签收人姓名及时间		施工方签收人姓名及时间	
监理方（或建设方）意见：			
□同意		□不同意	
_____			
_____			
项目监理方（或建设方）（章）：_____			
专业监理（或建设方专业人员）工程师：_____ 日期：_____			

注：施工方项目经理部应提前提出本检验申请单，与监理方（或建设方）商定好检验时间并落实在意见栏内，大型设备开箱检查可邀请设计方代表参加。

设备及材料现场检验报告　　　　　　　　　　表 5-5

工程名称：									
项目编号：									
序号	货物名称	规格型号	单位	数量	厂家（品牌）	检验情况			备注
						外观	内在质量	随机资料	
施工方（签字）									
供货方（签字）									
监理方（签字）									
建设方（签字）									
日期									

入库单

表 5-6

序号	货物名称	规格型号	单位	数量	厂家（品牌）	备注
工程名称：						
项目编号：						

验收意见：	验收人（签字）

采购人（签字）

库房保管员（签字）

项目经理或技术负责人（签字）

日期

出库单

表 5-7

序号	货物名称	规格型号	单位	数量	厂家（品牌）	用途	备注
工程名称：							
项目编号：							

领出人（签字）

库房保管员（签字）

项目经理或技术负责人（签字）

日期

第六章 安装调试

一、《MMDC 标准》原文

6 安装调试

6.1 设备安装

6.1.1 设备安装作业环境应满足下列要求：

1 远离具有危险粉尘的工作场所。

2 远离热源和易产生火花的工作场所。

3 远离具有腐蚀性气体和有机溶剂的工作场所。

6.1.2 设备安装前应将设备定位，且满足下列要求：

1 按施工图完成设备定位放线，运输通道不宜小于1200mm，机柜的前后操作或检修通道不宜小于600mm。

2 按施工图或产品要求，完成设备基础和预埋线缆安装及检测。

3 为避免造成人身伤害及设备损坏，操作时应由两名及以上安装人员共同完成。

6.1.3 设备安装包括外观检查、设备就位和管线连接，设备安装应满足下列要求：

1 检查设备外观完好，资料完整，配件齐全。

2 机柜、配电、空调、安防、通信、网络等设备安装，要求平稳牢固，设备与基础之间采用螺栓可靠连接。

3 管线按照施工图完成管路、线缆连接和配件安装工作，接点牢固可靠。

4 设备接地宜进行局部等电位联结，且接地电阻不应大于10Ω。

6.1.4 设备安装完毕应全面自检，且满足下列要求：

1 前端电源系统和隐蔽工程通过现场验收。

2 设备安装、线缆和管路连接符合设计要求。

3 开机调试前现场情况满足设备开机限定条件，并完成电气调试准备工作。

6.2 调试、测试

6.2.1 调试准备工作包括编制调试方案、调试准备和人员就位，应满足下列要求：

1 根据设备要求，编制调试方案和流程。

2 设备安装、线缆和管路连接复检，确认符合设备开机调试要求。

3 建设方、监理方、施工方、供货方的相关人员就位。

6.2.2 调试工作包括单机调试、系统调试，并应满足下列要求：

1 单机调试包括空载启动、各项数据检测，填写调试报告。

2 系统调试包括系统空载启动，空载检测正常后，可按合同约定进行带载测试；填写调试报告。

3 调试报告由建设方、监理方、施工方共同签字确认。

4 MMDC调试报告交付表格式宜参照附录B。

附录 B MMDC 调试报告交付表格式

附录 B MMDC 调试报告交付表格式包括表 B-1 机房工程系统调试报告、表 B-2 机柜系统调试报告、表 B-3 供配电系统调试报告、表 B-4 不间断电源系统调试报告、表 B-5 照明系统调试报告、表 B-6 空调系统调试报告、表 B-7 给水排水系统调试报告、表 B-8 安防系统调试报告、表 B-9 通信系统调试报告、表 B-10 消防系统调试报告、表 B-11 防雷与接地系统调试报告、表 B-12 环境和设备监控系统调试报告。

机房工程系统调试报告 表 B-1

工程名称						
子系统名称		机房整体系统调试		设备名称		
建设方				项目负责人		
施工方				项目负责人		
调试时间				调试部位（位置）		
		验收项目	设计要求及规范规定	系统运行时长	检查记录	检查结果
主控项目	1	机柜系统				
	2	供配电系统				
	3	不间断电源				
	4	照明系统				
	5	空调系统				
	6	给水排水系统				
	7	安防系统				
	8	通信系统				
	9	消防系统				
	10	防雷及接地				
	11	环境和设备监控				
施工方检查结果		项目负责人签名： 项目专业质量检查员：				
					年 月 日	
监理方（建设方）验收结论		专业监理工程师： （建设方项目专业技术负责人）				

注：上述表格内容仅供参考。

机柜系统调试报告　　　　　　　　　　　　　　表 B-2

工程名称						
子系统名称			设备名称			
建设方			项目负责人			
施工方			项目负责人			
调试时间			调试部位（位置）			
		验收项目	设计要求及规范规定	系统运行时长	检查记录	检查结果
主控项目	1	机柜安装位置准确				
	2	机柜定位准确				
	3	机柜并柜牢固				
	4	机柜水平误差				
	5	机柜垂直误差				
	6	机柜门动作				
	7	通道门动作				
	8	开启天窗动作				
	9	……				
	10					
	11					
施工方检查结果			项目负责人签名：			
			项目专业质量检查员：			
					年　月　日	
监理方（建设方）验收结论			专业监理工程师：（建设方项目专业技术负责人）			

注：上述表格内容仅供参考。

供配电系统调试报告　　　　　　　　　　　　　表 B-3

工程名称						
子系统名称			设备名称			
建设方			项目负责人			
施工方			项目负责人			
调试时间			调试部位（位置）			
		验收项目	设计要求及规范规定	系统运行时长	检查记录	检查结果
主控项目	1	电缆敷设				
	2	开关连接				
	3	柜体安装				
	4	电压				
	5	电流				
	6	仪表显示状态				
	7	……				
	8					
	9					
	10					
	11					
施工方检查结果			项目负责人签名：			
			项目专业质量检查员：			
					年　月　日	
监理方（建设方）验收结论			专业监理工程师：（建设方项目专业技术负责人）			

注：上述表格内容仅供参考。

不间断电源系统调试报告　　　　　　　　　表 B-4

工程名称						
子系统名称				设备名称		
建设方				项目负责人		
施工方				项目负责人		
调试时间				调试部位（位置）		
		验收项目	设计要求及规范规定	系统运行时长	检查记录	检查结果
主控项目	1	设备安装情况				
	2	线缆连接情况				
	3	设备开机状态				
	4	输入电压				
	5	输出电压				
	6	输入电流				
	7	输出电流				
	8	带载后备时间				
	9	⋯⋯				
	10					
	11					
施工方 检查结果			项目负责人签名： 项目专业质量检查员：			
						年　月　日
监理方（建设方）验收结论			专业监理工程师： （建设方项目专业技术负责人）			

注：上述表格内容仅供参考。

照明系统调试报告　　　　　　　　　　表 B-5

工程名称						
子系统名称				设备名称		
建设方				项目负责人		
施工方				项目负责人		
调试时间				调试部位（位置）		
		验收项目	设计要求及规范规定	系统运行时长	检查记录	检查结果
主控项目	1	灯具安装				
	2	开关动作				
	3	光源照度				
	4	应急照明启动				
	5	⋯⋯				
	6					
	7					
	8					
	9					
	10					
	11					
施工方 检查结果			项目负责人签名： 项目专业质量检查员：			
						年　月　日
监理方（建设方）验收结论			专业监理工程师： （建设方项目专业技术负责人）			

注：上述表格内容仅供参考。

空调系统调试报告 表 B-6

工程名称						
子系统名称			设备名称			
建设方			项目负责人			
施工方			项目负责人			
调试时间			调试部位（位置）			
	验收项目		设计要求及规范规定	系统运行时长	检查记录	检查结果
主控项目	1	设备安装稳固				
	2	设备管路连接情况				
	3	阀门动作情况				
	4	阀门是否泄漏				
	5	设备开机状态				
	6	送风风量				
	7	制冷冷量				
	8	冷凝排水				
	9	……				
	10					
	11					
施工方检查结果		项目负责人签名： 项目专业质量检查员： 年　月　日				
监理方（建设方）验收结论		专业监理工程师： （建设方项目专业技术负责人）				

注：上述表格内容仅供参考。

给水排水系统调试报告 表 B-7

工程名称						
子系统名称			设备名称			
建设方			项目负责人			
施工方			项目负责人			
调试时间			调试部位（位置）			
	验收项目		设计要求及规范规定	系统运行时长	检查记录	检查结果
主控项目	1	管路安装情况				
	2	阀门动作情况				
	3	漏水情况				
	4	排水情况				
	5	……				
	6					
	7					
	8					
	9					
	10					
	11					
施工方检查结果		项目负责人签名： 项目专业质量检查员： 年　月　日				
监理方（建设方）验收结论		专业监理工程师： （建设方项目专业技术负责人）				

注：上述表格内容仅供参考。

安防系统调试报告　　　　　　　　　　　　　　　　　　**表 B-8**

		验收项目	设计要求及规范规定	系统运行时长	检查记录	检查结果
工程名称						
子系统名称				设备名称		
建设方				项目负责人		
施工方				项目负责人		
调试时间				调试部位（位置）		
主控项目	1	设备安装可靠				
	2	视频监控系统控制、监视、显示、存储、回放、报警联动和图像丢失报警等功能				
	3	入侵报警系统的入侵报警、防破坏及故障报警、记录及显示、系统自检、系统报警响应时间、报警复核、报警声级、报警优先等功能				
	4	出入口控制系统的出入目标识读装置、信息处理/控制设备、执行机构、报警等功能				
	5	监控中心管理软件中电子地图显示的设备位置				
	6	安全性及电磁兼容性				
	7	……				
施工方检查结果		项目负责人签名： 项目专业质量检查员： 　　　　　　　　　　　　　　　　年 月 日				
监理方（建设方）验收结论		专业监理工程师： （建设方项目专业技术负责人）				

注：上述表格内容仅供参考。

通信系统调试报告　　　　　　　　　　　　　　　　　　**表 B-9**

工程名称	
子系统名称	设备名称
建设方	项目负责人
施工方	项目负责人
调试时间	调试部位（位置）

续表

		验收项目	设计要求及规范规定	系统运行时长	检查记录	检查结果
主控项目	1	对绞电缆链路或信道和光纤链路或信道的检测				
	2	标签和标识检测,综合布线管理软件功能				
	3	电子配线架管理软件				
	4	设备接口通信情况				
	5	……				
	6					
	7					
	8					
	9					
	10					
施工方检查结果			项目负责人签名:			
			项目专业质量检查员:			
					年　月　日	
监理方(建设方)验收结论			专业监理工程师: (建设方项目专业技术负责人)			

注:上述表格内容仅供参考。

消防系统调试报告　　　　　　　　　　　表 B-10

工程名称						
子系统名称				设备名称		
建设方				项目负责人		
施工方				项目负责人		
调试时间				调试部位(位置)		
		验收项目	设计要求及规范规定	系统运行时长	检查记录	检查结果
主控项目	1	火灾报警控制器调试				
	2	点型感烟、感温火灾探测器调试				
	3	吸气式感烟火灾探测器				
	4	消防联动控制器调试				
	5	报警模拟状态				
	6	……				
	7					
	8					
	9					
	10					
	11					
施工方检查结果			项目负责人签名:			
			项目专业质量检查员:			
					年　月　日	
监理方(建设方)验收结论			专业监理工程师: (建设方项目专业技术负责人)			

注:上述表格内容仅供参考。

防雷与接地系统调试报告　　　　　　　　表 B-11

工程名称							
子系统名称				设备名称			
建设方				项目负责人			
施工方				项目负责人			
调试时间				调试部位（位置）			
		验收项目	设计要求及规范规定	系统运行时长	检查记录	检查结果	
主控项目	1	浪涌保护器的性能参数、安装位置、安装方式和连接导线规格					
	2	接地电阻测试					
	3	等电位测试（电位差）					
	4	接地导体的规格、敷设情况和连接情况					
	5	等电位联结带的规格、联结方法和安装位置					
	6	……					
	7						
	8						
	9						
	10						
	11						
施工方检查结果			项目负责人签名： 项目专业质量检查员： 　　　　　　　　　　　　　　年　月　日				
监理方（建设方）验收结论			专业监理工程师： （建设方项目专业技术负责人）				

注：上述表格内容仅供参考。

环境和设备监控系统调试报告　　　　　　表 B-12

工程名称							
子系统名称				设备名称			
建设方				项目负责人			
施工方				项目负责人			
调试时间				调试部位（位置）			
		验收项目	设计要求及规范规定	系统运行时长	检查记录	检查结果	
主控项目	1	前端点位安装情况					
	2	线缆连接情况					
	3	测量参数准确性					
	4	报警信号采集情况					
	5	……					
	6						
	7						
	8						
	9						
	10						
	11						

续表

施工方 检查结果	项目负责人签名：	
	项目专业质量检查员：	
		年　月　日
监理方（建设方）验收结论	专业监理工程师： （建设方项目专业技术负责人）	

注：上述表格内容仅供参考。

二、主要阶段、内容及角色（表6-1）

主要阶段、内容及角色　　　　　　　　　　　　　　　　表 6-1

阶段	主要内容	内容描述	角色	备注
6.1　设备安装	6.1.1　设备安装作业环境要求	设备安装作业环境应满足下列具体要求，包括： 1. 有害粉尘：远离具有危险粉尘（特别是金属导电型有害粉尘）的工作场所。 2. 易燃易爆：远离热源和易产生火花的工作场所，远离易燃、易爆物品，尽量避免阳光直射。 3. 有害物质：远离具有腐蚀性气体和有机溶剂的工作场所，远离其他有害物质。 4. 其他要求：远离强振动源、强噪声源、强电磁场等工作场所；检查并确认安装场地"三通一平"ª及"墙、顶、地"b 处理工艺符合设备安装要求；检查并确认安装场地设备运行环境符合设备安装要求：室内运行，运行温度 10～40℃，相对湿度不大于 90%RH（无凝露），电气和制冷系统海拔高度宜不大于 2000m，大于 2000m 应参照规范的规定降额使用	施工方、设计方、物业方、监理方、建设方	ª "三通一平"指数据中心场地的通水、通电、通路、平整地面。 b "墙、顶、地"指数据中心内的墙面、顶面（棚面或屋面）和地面
	6.1.2　设备安装前设备定位	设备安装前应将设备定位，且满足下列具体要求，包括： 1. 定位放线：设备安装前的设备定位需根据相关建筑物轴线、边缘线、标高线划定设备安装的平面基准线和高度基准点，并以此为基准进行测量，按照设计图纸和施工图纸的要求，确定设备安装的平面和位置，然后完成设备定位放线，其中运输通道不宜小于 1200mm，机柜前后的操作通道或检修通道不宜小于 600mm。 MMDC 内通道与设备之间的距离应符合规范c 的规定：用于搬运设备的通道净宽不应小于 1500mm；面对面布置的机柜正面之间的距离不宜小于 1200mm；背对背布置的机柜背面之间的距离不宜小于 800mm；当需要在机柜侧面和后面维修测试时，机柜与机柜、机柜与墙之间的距离不宜小于 1000mm；成行排列的机柜，其长度大于 6000mm 时，两端应设有通道；当两个通道之间的距离大于 15000mm 时，在两个通道之间还应增加通道。通道的宽度不宜小于 1000mm，局部可为 800mm	施工方、设计方、物业方、监理方	c 规范为《数据中心设计规范》（GB 50174—2017）

续表

阶段	主要内容	内容描述	角色	备注
	6.1.2　设备安装前设备定位	2. 基础和预埋线缆等：按照设计图纸和施工图纸或产品要求完成设备承重底座基础安装、预埋线缆和管路、线槽桥架预敷设及检查工作。 　　底座基础应按照设备的尺寸、重量和承重点三个标准来制作，其中承重点为重点考虑的因素，底座基础的安装应牢固结实并与地面硬连接。 　　预埋线缆和管路、线槽桥架的预敷设应遵循设计图纸和施工图纸或产品要求进行合理布置和路由规划，其中强电和弱电的线槽桥架之间的距离应大于300mm，线槽桥架之间连接处应使用多芯或单芯铜线可靠连接。 　　强电和弱电线槽桥架可分布在热通道的防静电地板下面或机柜的上方，宜分层敷设，应避免与机房空调的气流方向交叉。 　　3. 其他要求：为避免造成人身伤害及设备损坏，进行设备承重底座基础安装、预埋线缆和管路、线槽桥架预敷设操作时应由两名及以上有安装资质的安装人员共同完成。检查时应有施工方、设计方、物业方和监理方共同在现场完成并签字确认		
6.1　设备安装	6.1.3　设备安装	设备安装包括外观检查、设备就位和管线连接，设备安装应满足下列具体要求，包括： 　　1. 外观检查：开箱后的设备外观完好无损、无划伤、资料完整、配件齐全等；应仔细查验设备外观、型号规格、设备数量、标识标签、产品合格证、产地证明、产品说明书和其他技术文件资料等内容，检查设备是否为设备厂家提供的原装产品。 　　2. 设备就位：MMDC内的机柜、配电、空调、安防、通信、网络等各类设备应根据工艺设计要求进行布置，应满足系统运行、运维管理、人员操作和安全、设备和物料运输、设备散热、安装和维护的要求，其中机柜、配电、UPS、空调等重载设备应按照要求安装在承重底座基础上，要求设备安装平稳牢固，设备与基础之间采用螺栓可靠连接。 　　3. 管线连接：MMDC内前端预留管路和线缆应按照要求完成施工，管路和线缆端头应放置到规定的设备安装位置，并留一定的裕量。管路和线缆按照设计图纸和施工图纸或产品要求以及设备厂家提供的安装指导书完成连接和配件安装，连接点应牢固可靠，同时承载管路和线缆的线槽桥架应与接地系统可靠连接，设备接地宜进行局部等电位联结，且接地电阻不应大于10Ω	施工方、设计方、物业方、监理方	无
	6.1.4　设备安装完毕全面自检	设备安装完毕应全面自检，包括： 　　1. 机柜、配电、空调、安防、通信、网络等设备的前端电源系统和隐蔽工程应通过现场验收，预埋管线和预敷设线槽桥架的类型、规格和数量符合设计要求。 　　2. 设备安装、线缆和管路连接符合设计要求。所有设备按照定位就位，柜体排列整齐，柜体与底座基础之间通过螺栓固定连接以确保平稳牢固，柜体与接地系统可靠连接以确保接地性能，多个机柜之间应通过并柜件可靠连接，机柜内安装设备根据图纸要求放置在对应的机柜中，并可靠固定在机柜中。 　　3. 开机调试前现场情况满足设备开机限定条件，并由有电气资质的安装人员完成电气调试准备工作	施工方、设计方、物业方、监理方	无

阶段	主要内容	内容描述	角色	备注
6.2 调试、测试	6.2.1 调试准备工作	调试准备工作包括编制调试方案、调试准备和人员就位，应满足下列具体要求： 1. 调试方案：根据设备要求编制调试方案，并制定调试流程。调试流程如下： 调试前准备→设备外观和安装工程质量检查→供电电源检查→接地系统检查→系统设备连接线路检查→单机设备的检查与调试→控制单元功能测试→受控设备单体动作和功能测试→单机和系统带载调试（包括硬件和软件功能测试）→系统验收。 根据调试内容及要求制定 MMDC 内设备单机调试和系统调试的日常管理规章制度、保障措施和工作流程，制定应急预案，包括处理应急预案的相关人员、完整的应急处置流程和措施、事故报告等内容。 根据单机调试和系统调试的具体工作内容和流程编制调试报告，调试报告表格格式宜参照附录 B^d 的内容。 2. 调试准备：设备安装、线缆和管路连接复检，确认符合设备开机调试要求。 调试前应按设计图纸、施工图纸等要求查验所有设备的规格、型号、数量等是否符合要求；应检查强电、弱电线路和空调管路等是否敷设连接正确到位；应检查设备安装情况是否符合要求：柜体是否固定牢靠，设备周围是否预留有足够的维护和操作空间，柜内设备连接是否正确规范，设备接地是否可靠等，如发现安装或管线有与设计不符的情况，应立即和相关方协商并制定整改计划。 应准备好调试用各种仪器设备及调试报告记录表格。 对所有准备调试的设备，进行认真的检查和审核，特别要注意配电、UPS 和空调设备的确认，具体内容包括： 配电柜确认：配电柜柜体在未通电之前应使用万用表测量柜体内总断路器的上端 A/B/C 相之间、三相与零和地之间是否存在短路现象，然后将总断路器合闸测量断路器的下端三相 A/B/C 之间、三相与零和地之间是否存在短路现象；在第一次上电后（空载测试）应使用万用表来测量断路器的进线电压及出线电压，若总断路器的进出线电压正常，则应测量支路的出线电压及对零线的电压是否正常。然后再用相序表来测量断路器的进线相序是否正确依次为 A 相、B 相、C 相，如果有逆相序存在应当立即判断是进线电缆连错还是其他原因造成，以上测试全部正常则可以将支路依次合闸进行测试	施工方、设计方、物业方、监理方	^{d} 附录 B MM-DC 调试报告交付表格式

阶段	主要内容	内容描述	角色	备注
6.2 调试、测试	6.2.1 调试准备工作	UPS确认：UPS系统在接入输入电源（包括交流市电和后备电池）前，应确认已正确接地，并检查接线和电池极性的连接正确性。由于电池端电压将超过危险电压，为避免触电伤人事故，连接电池前需要配戴眼睛护罩，以免电弧意外伤害眼睛；不要佩戴手表、戒指或类似金属物体；要求使用绝缘的工具；穿戴防护工作服和橡胶手套；电池上不能有金属工具或类似的金属零件，防止电池短路。 空调确认：空调开机前检查安装平面是否水平，机组固定是否牢靠，是否竖直放置；设备周围的维护和操作空间是否已预留好；检查风机叶轮与导流圈的间隙，不允许有碰擦；需要紧固的部位是否都已紧固好；室内机球阀是否完全打开；铜管是否已经焊接好，保压是否合格；水系统供回水管是否已连接好，是否有渗漏；冷凝水排水管是否已接好，是否有渗漏；加湿器供水管和排水管是否已接好，是否有渗漏；设备内部及周围的杂物是否已清除等。 3. 人员就位：联系好建设方、监理方、设计方、施工方、供货方的相关人员就位，做好协调工作。根据调试内容及要求合理配备调试人员；相关人员应有从业资格证书或具备专业背景，并持有相关专业上岗证		
	6.2.2 调试工作	调试工作内容包括单机调试、系统调试和调试报告，应满足下列具体要求： 1. 单机调试工作包括单机空载调试、单机带载指标测试、单机带载性能测试和单机带载功能测试。 单机空载调试：单机设备空载启动、检测各项数据是否正常、填写记录。单机空载调试是指设备在未与系统连接时，按照有关验收技术规范的要求，为确认其是否符合产品出厂标准和满足实际使用条件而进行的单机空载试运转调试工作。 单机带载指标测试：在机房IT负载功率不能满足负荷带载测试时，可以采用安装假负载进行带载测试。假负载实验一般采用50%设计负载，有条件的也可以采用100%设计负载进行带载测试。 单机带载性能测试：通过单机设备的满负荷带载模拟，确保设备将会支持关键业务负载的一切设计预期，实际上更加侧重于单设备或单套系统的带载测试。可以通过假负载进行满负荷的带载模拟，同时模拟不同容量的状态变化，来确保所有的设备能够支撑原来设计的预期。经过性能测试带载测试，验证单个设备、单个系统的可靠性。 单机带载功能测试：按照运维的流程，通过故障模拟和灾难的预演验证运维的可操作性，同时通过整改带载功能测试过程中发现的相关缺陷，来保证MMDC的高质量交付，确保MMDC能够作为一个整体的集成平台满足IT负载的需要，并通过有针对性地运维优化，将MMDC后续运行风险降至最低。 2. 系统调试工作：系统空载启动检测正常后，进行整系统50%设计负荷的部分带载测试；部分带载检测正常后，有条件的也可以采用整系统的100%满载测试，验证整系统工作的可靠性	施工方、设计方、物业方、监理方、建设方	无

续表

阶段	主要内容	内容描述	角色	备注
6.2 调试、测试	6.2.2 调试工作	3. 调试报告和结论：填写单机和系统调试报告，记录调试和测试数据，最终形成的调试报告交付表的内容和结论应由施工方、监理方共同签字确认，并提交给建设方签字确认存档		

三、流程框图

流程框图见图 6-1。

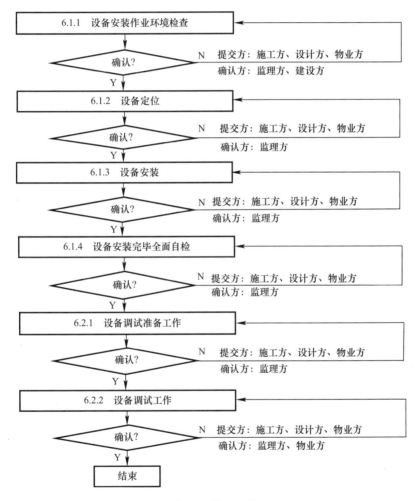

图 6-1 流程框图

第七章　试　运　行

一、《MMDC标准》原文

7　试　运　行

7.1　试运行内容

7.1.1　试运行前应复核调试报告，确认设备运行正常。

7.1.2　试运行前应制定试运行方案，包括人员、制度流程、应急预案、工具及备件等保障措施，且满足下列要求：

1　根据试运行内容及要求，配备具有从业资格证书或相关专业背景，并持有相关专业上岗证的人员。

2　制定设备试运行日常管理规章制度和工作流程。

3　应急预案包括处理突发事件的相关人员、完整的应急处置流程和措施、事件报告。

4　预备试运行期间所需的工具及备件。

7.1.3　试运行工作内容包括开机确认、试运行和试运行报告，且应满足下列要求：

1　设备上电前，确认设备内的所有开关均应置于断开位置，所有设备的通断电状态都具备显示或标识。

2　MMDC的所有系统投入试运行，试运行期间按约定进行带载测试，试运行时间宜大于7×24h，观察系统运行状态，检验各系统的运行情况并记录。

3　试运行报告的内容包括试运行所存在的问题、解决方案，及能否正式投入使用的结论。

7.2　试运行异常及整改方案

7.2.1　系统试运行发生异常情况时，维护人员应进行相关的信息收集与记录。异常记录内容应包括时间、现象、部位、原因、性质、处理方法。

7.2.2　异常记录应及时上报建设方、设计方、监理方、施工方和供货方；对于所发生的异常情况，需各方共同确认并记录备案。

7.2.3　施工方应完成异常情况整改，包括整改方案、结果、确认及备案，异常情况整改应符合下列要求：

1　对试运行中发生的硬件和软件问题，分析原因，提出整改方案，经确认后落实整改，问题响应时间为异常情况发生起的2h之内。

2　整改结果是对异常情况的处理人、处理过程、处理结果、待解决问题等进行记录。

3　对整改结果进行书面确认并备案。

7.3　试运行报告

7.3.1　MMDC 试运行报告包括机柜、供配电、UPS、空调、安防、消防、通信、防雷及接地、环境和设备监控系统试运行报告，试运行报告格式宜参照附录 C。

7.3.2　试运行报告应经建设方、监理方和施工方书面确认。

附录 C　试运行报告格式

机柜系统试运行报告　　　　　　　　　　　　　　　　　　　　表 C-1

工程名称：		建设方	
系统工程名称		施工方	
试运行日期		检测时间	
设备名称		安装位置	
试运行时长		检测工具	
试运行前准备		核对图纸定位确认设计要求	
机位安装稳定		电子部件运行正常	
活动部件动作正常			
试运行总结报告：			
监理工程师核查意见		项目负责人： 专业技术负责人： 专业工长：	
建设方项目专业技术负责人意见			

注：上述表格内容仅供参考。

供配电系统试运行报告　　　　　　　　　　　　　　　　　　　表 C-2

工程名称：		建设方	
系统工程名称		施工方	
试运行日期		检测时间	
设备名称		安装位置	
试运行时长		检测工具	
试运行前准备		核对图纸定位确认设计要求	
电压	L1-N	电流	L1
	L2-N		L2
	L3-N		L3
电压		电流	
试运行总结报告：			
监理工程师核查意见		项目负责人： 专业技术负责人： 专业工长：	
建设方项目专业技术负责人意见			

注：上述表格内容仅供参考。

不间断电源系统试运行报告 表 C-3

工程名称：		建设方	
系统工程名称		施工方	
试运行日期		检测时间	
设备名称		安装位置	
试运行时长		检测工具	
试运行前准备		核对图纸定位确认设计要求	
电压	L1-N	电流	L1
	L2-N		L2
	L3-N		L3
电压		电流	
试运行总结报告：			
监理工程师 核查意见		项目负责人： 专业技术负责人： 专业工长：	
建设方项目专业技术负责人意见			

注：上述表格内容仅供参考。

照明系统试运行报告 表 C-4

工程名称：		建设方	
系统工程名称		施工方	
试运行日期		检测时间	
设备名称		安装位置	
试运行时长		检测工具	
试运行前准备		核对图纸定位确认设计要求	
开关动作		照度测量	
应急照明动作			
试运行总结报告：			
监理工程师核查意见		项目负责人： 专业技术负责人： 专业工长：	
建设方项目专业技术负责人意见			

注：上述表格内容仅供参考。

空调系统试运行报告 表 C-5

工程名称：		建设方	
系统工程名称		施工方	
试运行日期		检测时间	
设备名称		安装位置	
试运行时长			
试运行前准备		核对图纸定位确认设计要求	
温度记录		湿度记录	
风量测量		冷量测量	
试运行总结报告：			
监理工程师核查意见		项目负责人： 专业技术负责人： 专业工长：	
建设方项目专业技术负责人意见			

注：上述表格内容仅供参考。

给水排水系统试运行报告 表 C-6

工程名称：		建设方	
系统工程名称		施工方	
试运行日期		检测时间	
设备名称		安装位置	
试运行时长			
试运行前准备		核对图纸定位确认设计要求	
阀门动作状态		漏水情况记录	
排水情况记录			
试运行总结报告：			
监理工程师核查意见		项目负责人： 专业技术负责人： 专业工长：	
建设方项目专业技术负责人意见			

注：上述表格内容仅供参考。

安防系统试运行报告　　　　　　　　　　　　　　　表 C-7

工程名称：		建设方	
系统工程名称		施工方	
试运行日期		检测时间	
设备名称		安装位置	
试运行时长			
试运行前准备	核对图纸定位确认设计要求		
摄像机运行状态		门禁运行状态	
管理平台运行状态		管理平台运行状态	
试运行总结报告：			
监理工程师核查意见		项目负责人： 专业技术负责人： 专业工长：	
建设方项目专业技术负责人意见			

注：上述表格内容仅供参考。

通信系统试运行报告　　　　　　　　　　　　　　　表 C-8

工程名称：		建设方	
系统工程名称		施工方	
试运行日期		检测时间	
设备名称		安装位置	
试运行时长			
试运行前准备	核对图纸定位确认设计要求		
线缆连接情况		通信状态	
试运行总结报告：			
监理工程师 核查意见		项目负责人： 专业技术负责人： 专业工长：	
建设方项目专业技术负责人意见			

注：上述表格内容仅供参考。

消防系统试运行报告   表 C-9

工程名称：		建设方	
系统工程名称		施工方	
试运行日期		检测时间	
设备名称		安装位置	
试运行时长			
试运行前准备	核对图纸定位确认设计要求		
火灾自动报警系统运行状态		管理平台运行状态	
试运行总结报告：			
监理工程师核查意见		项目负责人： 专业技术负责人： 专业工长：	
建设方项目专业技术负责人意见			

注：上述表格内容仅供参考。

防雷及接地系统试运行报告   表 C-10

工程名称：		建设方	
系统工程名称		施工方	
试运行日期		检测时间	
设备名称		安装位置	
试运行时长			
试运行前准备	核对图纸定位确认设计要求		
接地导体连接情况		浪涌保护器状态	
接地电阻测量			
试运行总结报告：			
监理工程师核查意见		项目负责人： 专业技术负责人： 专业工长：	
建设方项目负责人意见			

注：上述表格内容仅供参考。

表 C-11

环境与设备监控系统试运行报告

工程名称：		建设方	
系统工程名称		施工方	
试运行日期		检测时间	
设备名称		安装位置	
试运行时长			
试运行前准备	核对图纸定位确认设计要求		
前端传感器数据记录		实际测量数据记录	
报警状态记录		管理平台运行状态	
试运行总结报告：			
监理工程师 核查意见		项目负责人： 专业技术负责人： 专业工长：	
建设方项目负责人意见			

注：上述表格内容仅供参考。

二、主要阶段、内容及角色（表7-1）

表 7-1

主要阶段、内容及角色

阶段	主要内容	内容描述	角色	备注
7.1 试运行内容	7.1.1 复核调试报告	复核内容包括：试运行前，应复核调试记录结果文件，若有不满足试运行条件的应补充调试内容。具体文件见第六章指南	施工方、运维方共同复核	
	7.1.2 制定试运行保障措施	试运行保障措施包括：人员、制度流程、应急预案、工具及备件等保障措施。 1. 人员保障措施：具有相应从业资格证书或具备专业背景并持有相关专业上岗证的人员方可参与设备的调试运行工作。 2. 日常管理规章制度： （1）设备、人员进出：建立完善的审批变更手续。（2）对设备建立相应的 ID 编号，设备进出库填写"设备进出登记表"。（3）外部人员经批准，身份核对无误后，方可进入授权区域，并填写"人员进出登记表"，进入机房后必须有内部人员全程陪同。（4）进入机房人员不得携带任何易燃、易爆、腐蚀性、强电磁、辐射性、流体物质等可能会对设备正常运作构成威胁的物品。如果有特殊情况必须带进禁止物品，需提前申请并说明原因和用途。（5）日常巡检：定时巡检并记录相关的设施设备运行参数。（6）备品备件管理制度：根据系统梳理其相应的日常易损件并列出清单，再根据清单和设备数量制定备品备件管理制度。（7）应急处理：运维人员在巡检过程中如遇见设备报警、故障应进行应急处理，并根据事件的影响度启动相应的应急预案	施工方和运维方提出，建设方、监理方和物业方确认	

阶段	主要内容	内容描述	角色	备注
7.1　试运行内容	7.1.2　制定试运行保障措施	3. 应急处理措施 （1）通报：应急处理划分相应的等级，按照不同的事件类型和级别进行相应通告。（2）流程表：制定应急处理措施流程表，相应的事件按流程表进行相应的操作流程。（3）措施表：详细记录所执行的相应处理措施及步骤。（4）总结分析：详细描述事件发生的时间、原因、造成的影响程度、处理步骤、恢复时间、过程分析、后期预防及改进措施，并形成事件报告。 4. 工具及备件措施 （1）对试运行所需有关工具和备件提前进行计划、采购并入库管理。（2）对试运行使用的工具由参加试运行的相关专业人员提前领出、熟悉使用方法。（3）对试运行中可能出现的有关备品备件的需求，在管理上充分满足及时供给，确保试运行的正常进行	施工方和运维方提出，建设方、监理方和物业方确认	
	7.1.3　试运行的内容	1. 开机确认：检查并确认设备内的所有开关均处于断开位置、所有设备均具备通断电状态显示或标识后，方可给设备通电； 2. 试运行：全系统运行并观察一周，带载50％试运行大于等于7×24h；观察系统运行状态、检验各系统的运行情况并记录试运行存在问题、解决方案；干预性测试点测试项见表7-2，例行运行检查点测试项见表7-3。 3. 形成试运行报告，内容包括：存在的问题、解决方案及能否正式投入使用的结论	施工方和供货方负责开机，建设方、监理方和运维方确认试运行报告	
7.2　试运行异常及整改方案	7.2.1　记录异常内容	系统试运行发生异常情况时，维护人员应进行相关的信息收集与记录。异常记录内容应包括时间、现象、部位、原因、性质、处理方法。施工方应完成异常情况整改，包括整改方案、结果、确认及备案	施工方、运维方负责记录，建设方、监理方、供货方确认	
	7.2.2　异常内容确认与备案	将异常记录以书面形式及时提交给建设方、设计方、监理方、施工方和供货方；对于所发生的异常情况，需各方共同确认并记录备案	施工方和运维方提交报告，建设方、监理方、施工方和供货方分别确认	
	7.2.3　异常情况整改	整改内容包括：方案、结果、确认及备案。 1. 分别针对硬件、软件发生的问题，分析其原因、制定整改方案，各方确认后实施整改；整改响应时间为异常情况发生起的2h之内。 2. 落实整改结果：对实施异常情况处理的人、处理过程、处理结果、待解决问题等进行记录。 3. 对整改结果进行书面确认并备案	施工方负责实施整改，建设方、监理方、运维方、物业方对整改结果进行确认	
7.3　试运行报告	7.3.1　试运行报告的内容	包括：机柜、供配电、UPS、空调通风、安防、消防、通信、防雷及接地、环境和设备监控等系统；报告格式参见正文附表C-1～附表C-11	施工方、运维方负责做表并签字	
	7.3.2　试运行报告的提交与确认	建设方、监理方和施工方书面确认	建设方、监理方、物业方和供货方签字确认	

三、流程框图

试运行流程图、试运行问题及整改流程图、试运行报告流程图分别见图 7-1～图 7-3。

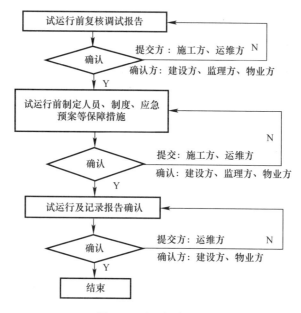

图 7-1　试运行流程图

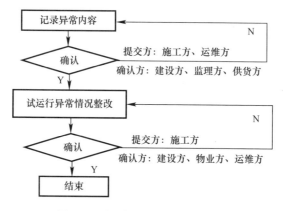

图 7-2　试运行问题及整改流程图

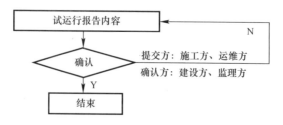

图 7-3　试运行报告流程图

四、其他

干预性测试点测试项见表 7-2，例行运行检查点测试项见表 7-3。

干预性测试点测试项 表 7-2

编号	测试项名称	应达到的标准和结果	结果
综合类测试项	一般状态检查	设备外观正常，无异响，无异味	□通过□未通过□免测试
	EEUE 测试	根据地域不同而异，运行 EEUE 参考设计 EE-UE，应当偏差不大，否则要给出优化改进建议	□通过□未通过□免测试
	系统日常检视	配电、空调和监控系统维护及异常可以及时进行确认和处理	□通过□未通过□免测试
	故障信息定位	系统的故障信息可以近端、远端查询，导出	□通过□未通过□免测试
	告警管理	当前、历史告警导出	□通过□未通过□免测试
	报表管理	导出系统报表	□通过□未通过□免测试
	工单管理	工单创建与闭环过程验证，符合操作规程	□通过□未通过□免测试
	软件升级	部件可以通过近端、远端进行升级操作，升级不影响业务	□通过□未通过□免测试
	告警响应时间	从设备制造告警动作到网管告警产生的时间≤10s	□通过□未通过□免测试
	实时数据响应时间	设备数据变化后到网管数据变化的时间≤10s	□通过□未通过□免测试
	监控管理系统运行检视	监控系统界面与设备界面显示的信息一致性，设备界面之间显示的信息一致性	□通过□未通过□免测试
	门禁及照明联动	门禁系统功能运作正常；开门（刷卡、指纹、密码）触发照明灯亮，或红外感应人体触发照明灯亮	□通过□未通过□免测试
温控系统	温度场	群控模式下，密封冷通道、密封热通道的温度场满足机柜进风口：温度 18～27℃，露点温度 5.5～15℃，相对湿度不大于 60%RH，机房不得结露	□通过□未通过□免测试
	空调管理	1. 空调故障期间，应有应急散热措施。2. 市电断电恢复后，应可以自动启动空调	□通过□未通过□免测试
	空调双路供电切换	当主路断电，能自动切换到备路（市电或油机）；当主路来电后，能自动切回主路	□通过□未通过□免测试
	空调设备状态	检查压缩机工作状态	□通过□未通过□免测试
		检查风机工作状态	□通过□未通过□免测试
		检查冷凝水排放	□通过□未通过□免测试
		检查空调控制屏显示	□通过□未通过□免测试
供备电系统	供电连续性	系统输入电源切换、UPS 逆变旁路切换时后端设备正常工作；接地连续性满足要求；供电设备温升满足要求；系统开关容量匹配，电源制式满足要求	□通过□未通过□免测试
	电池智能放电	可以远程定期对电池进行浅放电测试	□通过□未通过□免测试
	蓄电池健康度检查	温度、内阻无老化现象	□通过□未通过□免测试
	主备切换	当主路断电，能自动切换到备路（市电或油机）；当主路来电后，能自动切换回主路	□通过□未通过□免测试
	2N 供电	对于 2N 供电，任一单路供电都能承担全部负荷	□通过□未通过□免测试

续表

编号	测试项名称	应达到的标准和结果	结果
安全和环境友好性	故障不扩散	系统内设备满足故障不扩散要求，故障可以检测报警，起火不扩散	□通过□未通过□免测试
	消防隐患	系统内设备满足防火、温升、逃生、温湿度检查的消防安全要求	□通过□未通过□免测试
	人身安全	系统内设备满足有安全警示、无机械伤害、能量防护、无物理电击、接地连续性等人身安全要求	□通过□未通过□免测试
	业务连续性	系统满足制冷有冗余、供电可靠、浮地可工作等不宕机要求	□通过□未通过□免测试
	电网友好	电网谐波 10%以内可正常工作要求	□通过□未通过□免测试
	环境友好	系统内设备满足温湿度、海拔、污染度等级、噪声等环境要求	□通过□未通过□免测试

例行运行检查点测试项

表 7-3

编号	测试项名称	应达到的标准和结果	结果
综合类测试项	一般状态检查	设备外观正常，无异响，无异味	□通过□未通过□免测试
	EEUE 测试	根据地域不同而异，运行 EEUE 参考设计 EEUE，应当偏差不大，否则要给出优化改进建议	□通过□未通过□免测试
	系统日常检视	配电、制冷和监控系统维护及异常可以及时进行确认和处理	□通过□未通过□免测试
	故障信息定位	系统的故障信息可以近端、远端查询，导出	□通过□未通过□免测试
	告警管理	当前、历史告警导出	□通过□未通过□免测试
	报表管理	导出系统报表	□通过□未通过□免测试
温控系统	温度场	群控模式下，密封冷通道、密封热通道的温度场满足机柜进风口：温度 18～27℃，露点温度 5.5～15℃，相对湿度不大于 60%RH，机房不得结露	□通过□未通过□免测试
	空调管理	1. 空调故障期间，应有应急散热措施。2. 市电断电恢复后，应可以自动启动空调	□通过□未通过□免测试
	空调设备状态	检查压缩机工作状态	□通过□未通过□免测试
		检查风机工作状态	□通过□未通过□免测试
		检查冷凝水排放	□通过□未通过□免测试
		检查空调控制屏显示	□通过□未通过□免测试
供备电系统	供电连续性	供电设备（UPS、配电柜）温升满足要求	□通过□未通过□免测试
	电池智能放电	可以远程对电池进行浅放电测试	□通过□未通过□免测试
	蓄电池健康度检查	温度、内阻正常	□通过□未通过□免测试
安全和环境友好性	故障不扩散	系统内设备满足故障不扩散要求，故障可以检测报警，起火不扩散	□通过□未通过□免测试
	消防隐患	系统内设备满足防火、温升、逃生、温湿度检查的消防安全要求	□通过□未通过□免测试
	人身安全	系统内设备满足有安全警示、无机械伤害、能量防护、无物理电击、接地连续性等人身安全要求	□通过□未通过□免测试
	业务连续性	系统满足制冷有冗余、供电可靠、浮地可工作等业务连续性要求	□通过□未通过□免测试
	电网友好	电网谐波 10%以内可正常工作要求	□通过□未通过□免测试
	环境友好	系统内设备满足温湿度、海拔、污染度等级、噪声等环境要求	□通过□未通过□免测试

第八章 验收及交付

一、《MMDC 标准》原文

8 验收及交付

8.1 验收

8.1.1 建设方组织专家验收小组、设计方、施工方、监理方、供货方、政府有关部门等进行项目验收。

8.1.2 验收成果资料包括项目合同、施工图文件、项目预算、调试报告及试运行报告、培训及维保服务、竣工资料。

8.1.3 应复核项目验收成果资料，确认资料齐全，满足验收条件。

8.1.4 竣工资料包括竣工验收报告、验收表格和监理总结报告，应符合下列要求：

1 竣工验收报告包括项目竣工验收表、变更洽商文件、竣工图、结算书、设备移交清单、设备及材料的检验报告、合格证及相关材料、环境和设备监控软件使用说明书。

2 验收表格包括机房隐蔽工程验收记录、分部分项工程验收记录、设备安装验收表、调试报告、试运行报告。

3 监理总结报告包括工作报告及监理结论。

8.1.5 设备移交清单宜包括设备名称、型号、数量、合格证、说明书、安装位置、软件名称、软件版本。

8.1.6 施工方根据竣工图和变更洽商文件向建设方提交竣工结算书，建设方应在收到竣工结算书后 28 天内，请第三方审计或自行审计，完成审核决算。

8.2 认证检测

8.2.1 机房可进行认证检测。一般机房的检测方应具备中国合格评定国家认可委员会（CNAS）和中国计量认证（CMA）证书。重要机房的检测方宜具备质量监督检验机构认证（CAL）证书。

8.2.2 认证测试范围及内容应符合下列要求：

1 认证测试范围宜包括机柜、供配电、UPS、空调通风、安防、通信、消防、防雷及接地、环境和设备监控等系统。

2 认证测试内容宜包括机房温湿度、噪声、洁净度、照度、无线电干扰场强、磁场干扰场强、静电防护、静电电压、防雷接地、UPS 输出电源质量、市电电源质量、环境和设备监控系统功能和性能。

8.2.3 认证测试完成后应提交认证检测报告，其内容包括项目信息、检测内容、检测结果。

8.3 交付

8.3.1 完成验收后，施工方和监理方应对建设方进行竣工资料移交，竣工资料应满足建设主管部门和建设方有关项目文件管理的有关规定要求。

8.3.2 建设方、设计方、监理方和施工方应对竣工资料进行书面确认并归档。

二、主要阶段、内容及角色（表8-1）

主要阶段、内容及角色　　　　　　　　　　　　　　　　表 8-1

阶段	内容	内容描述	角色	备注
8.1 验收	8.1.1 验收程序	由建设方、设计方、施工方、监理方、供货方、政府有关部门及专家验收小组（视项目情况决定是否需要）组成项目验收小组。验收程序： 1. 施工方已经完成项目各子系统自检、试运行，自检内容、试运行报告见原规范附表C-1～11；发现的问题已及时整改。 2. 施工方的竣工资料已由监理方、建设方审核且完整无误。 3. 监理方对工程进行质量评估，具有完整的监理资料，提出工程质量评估报告，确认具备验收条件。 4. 施工方提交表8-7《竣工验收申请报告表》，由监理方、建设方审核批准。 5. 在建设方、监理方及施工方的配合下，由项目验收小组对工程质量、进度、使用功能、外观、安全、环保等方面进行全面验收，对发现的问题，要求施工方按期整改。 6. 验收合格后出具竣工验收报告，并留存验收过程中的相关记录	建设方负责组织	
	8.1.2 验收成果资料内容	包括：项目合同、施工图文件、项目预算、调试报告及试运行报告、培训及维保服务合约、竣工资料	施工方	
	8.1.3 复核验收成果资料	复核内容包括：施工图图纸、主要设备及材料清单、项目概算、施工方案、培训及维保服务合约、工作联系单、调试记录、试运行报告、竣工验收报告、验收表格、竣工结算书、监理总结报告等。需重点复核的内容： 1. 施工是否按照施工图要求的技术方案进行？核对设备、材料清单与实际是否相符？ 2. 检查实施过程中是否有洽商变更？如有，复核变更文件与实际变更内容是否一致？如有不一致项需暂停验收，待整改完毕后重启验收工作	监理方、建设方	
	8.1.4 竣工资料内容	包括竣工验收报告、验收表格和监理总结报告。 1. 竣工验收报告包括项目竣工验收表、变更洽商文件、竣工图、结算书、设备移交清单、设备及材料的检验报告、合格证及相关材料、环境和设备监控软件使用说明书。 2. 验收表格包括MMDC机房隐蔽工程验收记录、分部分项工程验收记录、设备安装验收记录、调试报告、试运行报告等。 3. 监理总结报告包括工作报告及监理结论	验收组	
	8.1.5 设备移交清单	包括：设备名称、型号、数量、合格证、说明书、安装位置、软件名称、软件版本等，参见表8-8《设备移交清单表》	建设方、施工方、监理方	

阶段	内容	内容描述	角色	备注
8.1　验收	8.1.6　竣工结算	施工方根据项目合同、施工图、竣工图和变更洽商文件向建设方提交竣工结算书，建设方在收到竣工结算书后 28d 内，请第三方审计或自行审计，完成审核决算	建设方、施工方、监理方	
	8.1.7　专家验收（可选项）	验收组完成竣工验收后，由建设方组织专家验收小组，召开专家验收会议，形成专家验收结论。专家验收主要包括 3 个步骤： 1. 听取项目施工方、监理方工作汇报及验收结论。 2. 审核竣工报告和监理总结报告及项目施工过程、自检、调试、试运行等资料报告。 3. 察看项目现场成果，形成专家验收意见	验收组	
8.2　认证检测	8.2.1　检测方资质要求	1. 一般机房的检测方：具备中国合格评定国家认可委员会（CNAS）和中国计量认证（CMA）证书。 2. 重要机房的检测方：具备质量监督检验机构认证（CAL）证书	第三方检测机构	
	8.2.2　检测范围及内容	1. 检测范围包括：机柜、供配电、UPS、空调通风、安防、通信、消防、防雷及接地、环境和设备监控等系统。 2. 检测内容包括：机房温湿度、噪声、洁净度、照度、无线电干扰场强、磁场干扰场强、静电防护、静电电压、防雷接地、UPS 输出电源质量、市电电源质量、环境和设备监控系统功能和性能。 3. 强制第三方检测内容包括：消防系统、防雷接地系统	第三方检测机构	
	8.2.3　检测报告	检测报告的内容包括项目信息、检测内容、检测结果	第三方检测机构	
8.3　交付	8.3.1　竣工资料移交	1. 移交资料包含：移交资料清单、竣工验收报告、竣工图及技术档案资料、各个子系统应用软件系统资料（存储介质及存储文件或内容）、验收表格、监理总结报告，验收表格的具体内容可参见表 8-2～表 8-9。 2. 竣工资料还需满足建设主管部门和建设方对项目文件管理的有关规定及要求	施工方、监理方提交，建设方接收	
	8.3.2　确认归档	建设方、监理方和施工方对竣工资料移交清单进行书面确认，建设方将接收的资料进行编号、归档	建设方	

注：表 8-2～表 8-9 分别为：表 8-2　系统验收表、表 8-3　机柜系统安装验收表、表 8-4　供配电系统安装验收表、表 8-5　空调系统安装验收表、表 8-6　监控系统验收表、表 8-7　竣工验收申请报告表、表 8-8　设备移交清单表、表 8-9　工程资料移交表。

系统验收表　　　　　　　　　　　　　　　　　　　　　　　　　表 8-2

工程名称	×××MMDC 系统建设项目
工程地点	
建设方	
施工方	
监理方	
日期	
系统概况	
验收意见	
建设方负责人（签字）	
施工方负责人（签字）	
监理工程师（签字）	

机柜系统安装验收表　　　　　　　　表 8-3

项目名称及编号：		单项评价
验收目的：验证机柜系统安装是否符合设计要求		
预置条件：机柜系统安装完成；设计文件齐备		
验收项目	预期结果	
检查机柜外观	表面无严重污损、变形、锈蚀等缺陷； 标签是否正确	
检查机柜的数量、规格	机柜的数量、规格与设计文件相符	
检查机柜安装	机柜安装平稳、无晃动，螺丝紧固，无松动； 整排机柜前面排列整齐；机柜接地可靠	
检查机柜并柜安装	机柜并柜件安装完全；假面板/密封挡板完全安装	
检查天窗（如果有） 安装	天窗（如果有）干净无灰尘、污垢，整齐； 天窗（如果有）和机柜连接可靠	
检查密封通道 （如果有）端门安装	表面无刮花、掉漆、变形等缺陷；能正常开启、关闭，开关行程内无干 涉、异响等缺陷	
检查线槽安装 （密封通道型）	线槽安装齐全、牢固、无错位	
检查机柜内配线架安装	配线架安装紧固、无松动	
检查机柜内 PDU 安装	PDU 型号符合设计要求；安装紧固、无松动，连接牢固整洁，线缆标签 清晰、无脱落	
检查底座、围框和 顶框安装（密封通道型）	底座固定牢固、排列整齐，相互间缝隙均匀，尺寸符合安装手册要求； 围框安装牢固，与 IT 机柜平齐，无明显错位；顶框安装牢固、前后对齐	
检验结论		

供配电系统安装验收表　　　　　　　　表 8-4

项目名称及编号：		单项评价
验收目的：验证供配电系统安装是否符合设计要求		
预置条件：供配电系统安装完成；系统达到可上电要求，未进行上电操作；设计文件齐备		
验收项目	预期结果	
检查 UPS 数量规格	UPS 系统各机柜数量、规格符合设计要求	
检查 UPS 系统安装	UPS 安装位置符合设计要求、牢固；UPS 模块数量、规格符合设计要 求，线缆连接正确、可靠	
检查蓄电池柜/蓄 电池安装	蓄电池柜安装位置正确、稳固；电池柜空开型号、数量符合设计要求； 电池柜断路器安装完整、可靠，接线正确；蓄电池数量符合设计要求，蓄 电池外观完好无损；电池排列整齐、接线牢靠，走线合理、无拉扯；电池 极性连接正确，接线端螺丝紧固、无松动；蓄电池管理系统安装牢固，整 齐美观，信号、通信线缆和接口正确连接；万用表测量蓄电池组电压，电 压值满足系统备电的电压范围	
检查配电柜安装	配电柜安装位置正确、紧固可靠，断路器数量、规格符合设计要求，表 面无刮花、污损、变形、锈蚀等缺陷；并柜整齐牢固	
检查空调配电接线	空调配电接线安装牢固，空开数量、规格符合设计要求	
检查机柜地线接线	所有机柜可靠接地，线缆符合设计要求	

续表

项目名称及编号：		单项评价
检查断路器操作	总配电、IT配电、空调配电、UPS输入输出旁路空开等所有断路器手动操作开/断5次，没有卡位现象。所有空开标签正确、清晰、完整，无脱落。所有空开都归于"OFF"状态	
浪涌保护器是否正常	查看浪涌保护器状态指示窗。当浪涌保护器指示窗显示绿色时，表示浪涌保护器正常；红色时，表示浪涌保护器模块失效，必须及时更换	
检验结论		

空调系统安装验收表 表 8-5

项目名称及编号：		单项评价
验收目的：验证制冷系统安装是否符合设计要求，对没有自带空调系统的微型机房（一般为单柜），该项不做要求		
预置条件：施工图齐备；设计文件齐备；空调设备安装完成		
验收项目	预期结果	
检查空调随机文件和资料	随机文件和资料齐全，包括产品合格证、性能检测报告等	
检查空调室内/外机安装	室外机的混凝土基础符合设计要求； 室内外机组、管道、管件及阀门的型号、规格符合设计要求； 室内/外机安装的水平度/垂直度允许误差应符合设备技术文件规范要求； 位置、标高和管口方向必须符合设计要求； 室内/外机组外观无破损、变形等缺陷	
检查空调管路安装	管路布放符合设计要求，安装紧固无松动； 空调管路用阻燃隔热材料进行包裹，无裂缝/空隙等缺陷； 冷媒管路：制冷剂液管路不得向上装成"Ω形"，气体管道不得向下装成"v形"；制冷剂管道弯管半径不应小于3.5D（管道直径）； 冷凝水管：实测验证排水水路顺畅，管道用阻燃隔热材料进行包裹； 加湿水管：加湿水管布放不允许通过设备柜正上方，管道固定可靠、无晃动，无漏水	
检查空调管路支撑架安装	空调管路支撑架应平整、牢固，与管道直接接触，无缝隙	
检查空调传感器布放	空调传感器布放符合空调说明书、设计文件要求	
检查空调联机通信线缆连接	空调联机通信线缆连接正常，走线合理，不影响模块整体外观	
检验结论		

监控系统验收表 表 8-6

项目名称及编号：		单项评价
验收目的：验证监控部件是否符合设计要求，是否正常工作，有无异常现象		
预置条件：设备硬件安装完成；设备上电		
验收项目	预期结果	
检测采集/控制器参数	检测采集/控制器监控界面参数是否正常	
检测UPS或配电柜	检测UPS或配电柜的监控参数显示是否正常	
检测空调参数	检测空调的监控参数显示是否正常	
检测门禁执行器功能	通电后，检测门禁执行器监控参数和工作状态是否正常	
检测天窗（如果有）执行器功能	通电后，检查天窗（如果有）执行器监控参数和工作状态是否正常	

续表

项目名称及编号：		单项评价
检测翻转天窗（如果有）吸合	通电后，手动触发天窗（如果有）自由翻转至少两次，电磁铁吸合是否牢固，断电释放是否自由	
检测短信猫功能	通电后，手动触发报警检测采集主机内部短信猫自动发送报警短信功能是否正常	
检测多功能传感器、水浸等功能	通电后，检测多合一传感器（烟感、温湿度、照明传感器）、水浸、声光告警等功能，人为制造告警检测、告警及恢复功能	
检测摄影机功能	通电后，检测摄影机图像显示范围及清晰度是否正常，并进行适当调整	
检验结论		

竣工验收申请报告表 表 8-7

项目名称及编号：		
致：建设方 　我公司承建的××××MMDC系统建设项目已经按计划于　　年　月　日完全合同内所规定的全部工程，零星未完工程及缺陷修复拟按申报计划实施，验收文件已准备就绪，现申请项目验收		
√合同项目完工验收 □阶段验收 □单位工程验收	验收工程名称、编码	申请验收时间
	××××MMDC系统建设项目	年　月　日
附：试运行报告 施工方： 项目经理：（签名）		日　期：　年　月　日
监理方意见： 监理方：（全称及盖章） 项目总监：（签名）		日　期：　年　月　日
建设方意见： 建设方：（全称及盖章） 负责人：（签名）		日　期：　年　月　日

　　本表由施工方填报，经项目审查签认后，建设方、监理方、施工方各存一份。

设备移交清单表 表 8-8

项目名称及编号：						
交接日期						
序号	设备名称	型号/版本号	数量	单位	安装地点	备注
1						
2						
3						
4						
5						
6						

续表

序号	设备名称	型号/版本号	数量	单位	安装地点	备注
7						
8						
9						
10						
11						
	......					
移交说明						
建设方			负责人（签字）			
施工方			负责人（签字）			
监理方			监理总监（签字）			

工程资料移交表　　　　　　　　　　　　　　　　表 8-9

项目名称及编号		××××MMDC 系统建设项目				
工程地点		验收时间			年　月　日	
建设方		施工方				
设计方		监理方				
序号	文件名称	来源单位		份数	页数	备注
1	项目试运行报告	施工方		×	×	
2	项目施工文件	施工方		×	×	
3	项目验收表格	验收组		×	×	
	......					

三、流程框图

流程框图见图 8-1。

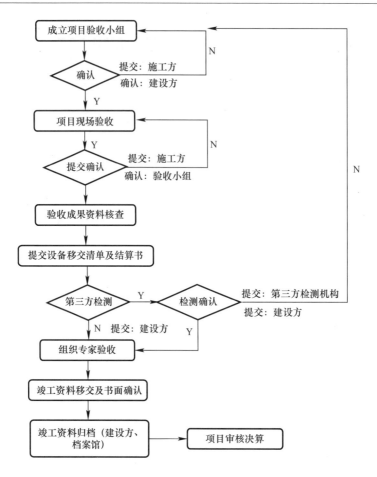

图 8-1　流程框图

第九章 技术培训

一、《MMDC标准》原文

9 技术培训

9.1 培训计划

9.1.1 培训计划由培训方和受训方共同制定，计划应说明目标、人员、内容、时间、方式、考核。

9.1.2 培训内容包括理论培训和实操培训。

9.2 培训及考核

9.2.1 受训方人员宜具有机房管理及运维经验，或具有机房相关专业的专科及以上学历，持有相关证书。

9.2.2 培训内容包括机柜、供配电、UPS、空调、安防、消防、通信、防雷及接地、环境和设备监控系统的使用和维护；也可包括运维管理应急处理的模拟演练、运行能耗模拟和制度流程的培训。

9.2.3 理论知识和现场实操培训宜进行考核。

9.3 培训记录与确认

9.3.1 培训方应根据培训计划，将培训过程和考核结论形成培训报告，并提交给受训方。

9.3.2 受训方应在培训报告上签字确认并存档。

咨询方、投资方、建设方（含业主方/用户方/甲方）、设计方、招标方（含发标方）、投标方、中标方、供货方、施工方、监理方、检测方、培训方、受训方、物业方、运维方、回收方。

二、主要阶段、内容及角色（表9-1）

主要阶段、内容及角色　　　　　　　　　　　　　　　　表9-1

阶段	主要内容	内容描述	角色	备注
9.1 技术培训	9.1.1 培训计划	1. 根据《模块化微型数据机房建设标准》的运行、维护和管理等需求，建设方提出培训申请，培训方制定详细的培训计划。《培训计划表》可参考见表9-2。 培训计划的内容包括：培训时间、目标、人员、内容、考核方法等。 （1）目标：掌握模块化微型数据机房基础设施（含软件、硬件、网络和设备等）的运行、维护和管理方面的关键技术；运维管理应急处理模拟演练、运行能耗模拟和制度流程的培训	建设方、培训方、受训方	

续表

阶段	主要内容		内容描述	角色	备注
9.1 技术培训	9.1.1 培训计划		（2）人员：由设备厂商委派具有相关经验的专业人员担任培训老师。受训人员主要是与机房的运行、维护和管理等相关的工作人员（包括第三代维公司人员）。 （3）考核：包括机柜、供配电、UPS、空调、安防、消防、通信、防雷及接地、环境和设备监控等系统的使用方法及运维措施。 （4）内容：掌握动力设备的节能原理与运维效益量化的思路；掌握管理软件的应用层次与提升应用水平的途径，实现安全运行、绿色节能与运维效益的多重保障；掌握机房基础设施评测的关键要素和预防、发现及消除系统隐患的技术手段与管理措施；掌握安全工作管理方法，强化安全意识，加强安全保障，确保数据中心安全运行；了解网络能源技术发展现状和发展趋势，实现数据中心可持续发展		
	9.1.2 培训内容		培训内容分为理论培训、实践培训。 1. 理论培训：掌握模块化微型数据机房基础设施中相关系统的工作原理、设备结构、系统架构等。 2. 实践培训：进行 MMDC 基础设施中相关设备操作规程、现场操作方法、设备维护保养、设备安装调试、设备运行参数调整、设备故障排除、事故应急措施等实操培训；进行 MMDC 运维管理应急处理的模拟演练；运行能耗模拟操作培训；运维管理制度和流程等内容的培训	培训方	
9.2 培训及考核	9.2.1 培训人员资质		培训人员资格要求： 1. 由设备厂商、设计单位、监理公司、行业协会或第三方培训机构的具有"模块化微型数据机房"运行、维护、管理经验的技术专家担任培训人员。 2. 受训人员一般是负责"模块化微型数据机房"运行、维护、管理的相关工作人员（包括第三方代维公司人员）；同时，受训人员还需具有数据机房相关专业的工作经验和专科及以上学历	受训方	
	9.2.2 培训内容		1."模块化微型数据机房"基础设施中相关系统（机柜、供配电、UPS、空调、安防、消防、通信、防雷及接地、环境和设备监控系统）的工作原理、设备结构、系统架构等。 2."模块化微型数据机房"基础设施中相关设备的操作规程、现场操作方法、设备维护保养细则、设备的安装调试、设备运行参数调整、设备故障排除、事故应急措施等实操培训。 3."模块化微型数据机房"运维管理应急处理措施的模拟操作，运行能耗模拟培训，运维管理制度和流程等内容的培训	培训方	
	9.2.3 考核内容		考核内容分为理论知识、现场实操两部分。 1. 理论知识："模块化微型数据机房"基础设施中机柜、供配电、UPS、空调、安防、消防、通信、防雷及接地、环境和设备监控系统的工作原理、设备结构、系统架构等。 2. 现场实操：针对机柜、供配电、UPS、空调、安防、消防、通信、防雷及接地、环境和设备监控系统的使用及系统硬件、软件功能的维护，即能否熟练的操作各个系统？能否迅速准确的判断系统报警与故障？是否会灵活修改系统设置？是否能进行简单的软件编程？是否会修改高级别密码的系统现状及历史资料？是否会修改系统设置？是否能进行简单的软件编程？ 3. 其他：完成理论知识、现场实操考核内容后应形成《培训考核记录表》（详情参见表 9-3）并确认签字	培训方	
9.3 记录与确认	9.3.1 培训报告		培训报告的内容包括培训过程记录及考核结论。 1. 培训过程记录内容：培训方根据培训计划，将整个培训过程中关于受训人员、培训时间、培训方式、培训内容、培训过程和要点等信息、考核成绩、培训目标达成情况及后续培训的优化建议等进行全面记录，并整理形成培训报告与受训人员对整体培训效果反馈，提交给建设方培训组织人员	培训方、受训方	

阶段	主要内容	内容描述	角色	备注
9.3　记录与确认	9.3.1　培训报告	2. 考核结论：培训方根据培训目标完成培训后，对受训人员未掌握的知识点再次进行强化培训，并对原计划的培训目标达成情况进行总结。 3. 受训方在完成培训后可根据培训目标对培训人员进行整体评审，并形成对应的表9-4《培训评价表》，提交至培训人员		
	9.3.2　确认并存档	形成的培训报告需要签字确认并存档。详见表9-5《培训结果报告》	受训方	

注：表9-2～表9-5见下表。

三、流程框图

流程框图见图9-1。

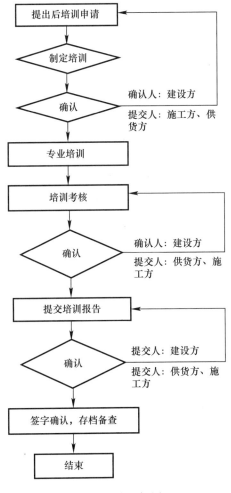

图9-1　流程框图

四、其他

培训计划表

表 9-2

培训计划表			
培训班名称	培训对象	授课教师	培训天数
培训目标：			
培训内容：			
时间：			
签字：			

培训考核记录表

表 9-3

培训科目		培训讲师	
培训时间地点		合　格　率	
培训内容摘要：			
培训方式： □讲课　□现场讲解　□岗位指导　□其他			
考核方式： □笔试　　□现场提问考核　□操作考核　□其他			

培训人员签到及考核成绩

序号	姓名	岗位或职务	成绩	序号	姓名	岗位或职务	成绩
1.				6.			
2.				7.			
3.				8.			
4.				9.			
5.				10.			

效果评价：
□ 本次培训效果良好，已达目的；
□ 本次培训效果一般，基本达到目的；
□ 本次培训效果较差，未达目的；
□其他：
评价人：　　　　　日期：

培训评价表

表 9-4

培训项目		培训人姓名		受训人员	
举办时间		培训人职位		受训人数	
举办地点		报告填写日期		项目组织部门	

请您根据本次培训中对学员、后勤安排、个人培训执行状况的总体感受，在相应的空格上打"✓"，谢谢。

评估内容		评估指标	评估等次			
			满意	比较满意	一般	不满意
培训方案	1	对此培训所选定的执行时间的评价				
	2	对此培训的方式和组织工作的评价				
	3	对培训时间长短和培训进度的评价				
	4	对培训教材准备的评价				
	5	对培训人员在此培训过程中的整体投入度的评价				
	6	对培训人员互相交流、参与积极性的评价				
	7	对培训人员使用参考资料、讲义情况的评价				
	8	培训环境对此次培训效果的影响的评价				

续表

评估内容		评估指标	评估等次			
			满意	比较满意	一般	不满意
培训效果	9	你个人对此次培训目标达到程度的评价				
	10	你认为此培训对提升对后期产品应用是否有帮助，请评价				
	11	你对此培训课程的总体满意度				
概述	12	你认为在此次培训中的最大收获是什么				
	13	您认为在哪些方面还需要改进？应如何改进				
备注：						

培训结果报告　　　　　　　　　　　　　　表 9-5

项目名称			
客户名称			
客户地址			
联 系 人		联系电话	
培训地点		培训时间	
培训方式			
培训内容			
培训要点			
培训结论			
培训负责人			
受训方确认			

经过双方共同的努力，培训工作圆满结束。

以上结果达到了预期效果，符合双方的实施培训意愿和要求。

客户签字：＿＿＿＿＿＿　　日期：＿＿＿＿＿＿＿＿

附：培训人员表

姓名	考核成绩	联系方式	备注

第十章 运行维护

一、《MMDC 标准》原文

10 运行维护

10.1 运维管理制度

10.1.1 运行维护应制定人员运维管理制度、设备管理制度、运维流程与措施。

10.1.2 运维团队应由能保证系统正常运行的专业人员组成，运维上岗人员宜具有资格证书、培训证书及相应的技能。

10.1.3 设备管理制度包括资产管理、耗材与备件管理，应符合下列要求：

1 资产的静态记录和统计、动态变更记录。

2 耗材和备件的库存要求、采购渠道要求、维护更换机制。

10.1.4 运维流程与措施包括运行、维护保养、故障维修和应急预案，应符合下列要求：

1 MMDC 运行中，应进行日常巡检、参数设置、状态监控和优化调节工作，观察并记录；无人值守的机房，运维工作可由管理软件、机器人、人工智能等先进的手段补充或部分替代。

2 MMDC 的维护工作包括正常维护保养、预防性和预测性维护保养。

3 设备故障时，应及时维修或设备更换。

4 应急预案包括突发事件的分析、响应和处理。

10.2 运维内容

10.2.1 运维范围包括环境、设备、软件，且应满足下列规定：

1 保障土建、管路及装饰的完整性，无漏水隐患；温度、湿度、洁净度、有害气体浓度的物理环境满足设备运行要求。

2 保障供配电、UPS、空调、安防、通信、消防等系统的正常运行。

3 保障环境和设备监控系统软件可靠运行。

10.2.2 维护保养包括下列内容：

1 根据运维合同约定制定维护保养方案，包括日常维护、预防性维护、预测性维护及优化。

2 日常维护包括巡检、例行保养、耗材补充、易损件更换并记录。

3 预防性维护包括有计划的保养、补充耗材、更换元器件的维护工作，并记录。

4 预测性维护基于运行过程中发现的故障征兆，提前于生命期或维护周期进行的维护工作，并记录。

5 根据运行维护记录，分析并优化运行方案。

10.2.3 故障维修包括质保期、保修期内和保修期外的维修，应符合下列要求：

1 质保期的维修包括免费的设备维修或更换的厂家维修。

2 保修期内的维修包括建设方或外包的自主维修，渠道服务或原厂服务的厂家维修。

3 保修期外的维修工作由建设方自理。

10.2.4 维修价值低或达到使用寿命的设备应报废并更新。

10.3 安全检测

10.3.1 运维期间消防、防雷及接地的安全监测应按周期进行自检自评或第三方评测。

10.3.2 自检自评宜符合下列要求：

1 检测主体由运维方、建设方、物业方组成。

2 检测内容包括外观检查和功能性测试。

3 检测报告包括书面检测结论及整改措施。

10.3.3 根据主管部门要求或自身情况，运维方可进行第三方评测，并符合下列要求：

1 评测主体应具有相关资质。

2 测评内容包括外观检查、功能性测试和系统有效性测试。

3 测评报告包括测评结论和整改建议。

二、主要阶段、内容及角色（表 10-1）

主要阶段、内容及角色　　　　　　　　　　　　　　　表 10-1

阶段	主要内容	内容描述	角色	备注
10.1 运维管理制度	10.1.1 制定运维管理制度	运维管理制度包括运维人员管理、设备管理制度、运维流程与措施三个方面	运维方提出、建设方确认	
	10.1.2 运维团队的人员组成及人员要求	1. 运维人员管理：机房人员出入登记表详见表 10-2。 2. 运维团队人员需具备相关特种作业操作证	运维方组织	
	10.1.3 设备管理制度	1. 对 MMDC 的资产进行静态记录、统计、动态变更记录。详见表 10-3。 2. 根据 MMDC 机房规模、特点，明确耗材、备品备件在库存方面对型号规格、数量的具体要求。详见表 10-4。 3. 备品备件管理制度 （1）各单位应将备品备件纳入微机管理，建立本单位备品备件管理资料。发生备品备件变动时，有专人负责进行资料变更，及时修改相关数据，以确保数据资料的完整准确。 （2）备品备件应存放在通风良好、温度适中的环境中，防止备品备件性能劣化和变质，并要加强其电磁防护工作。 （3）每年根据维护工作的需要和电信技术的发展，适时提出备品备件品种、数量的补充和更换意见，以供维护管理部门进行计划安排时考虑。 （4）机房应设立备品备件管理资料。备品备件要有清单，清单务必清晰、准确、账物相符。机房备盘应分盒放置，并做好网络名称、盘号、型号标记，本着"存放合理，取用方便"的原则进行管理。 （5）备品备件配置原则是"常用且必需"，原则上按一个维修周期内的需求量进行配置	运维方负责	

续表

阶段	主要内容	内容描述	角色	备注
10.1 运维管理制度	10.1.3 设备管理制度	（6）更换备盘时要检查各项技术参数指标，设置与现用机盘是否一致。在未查明故障原因时，不得任意插入备盘进行实验。 （7）机房故障机送修时，应进行二次确认，并填写相关送修单，及时送往各单位指定的维修部门进行统一的维修和送修。 （8）如因特殊原因需要进行备品备件调拨时，应办理相应的调拨手续和数据资料的变更。 4. 制定采购渠道、维护更换机制的具体规定。详见表10-5		
	10.1.4 运维流程与措施	1. 运维流程 日常巡检（包括：外观、电气、制冷、监控、安全等）、设备系统参数的观察与设置、设备运行状态的监控及优化调节、并记录。 2. 运维措施 （1）将MMDC机房的运维工作分为正常维护保养、预防性和预测性维护保养三部分；运维人员按照运维流程进行日常的巡检；根据设备系统参数、运行状态随时进行系统的预防性和预测性维护保养工作。 （2）无人值守的MMDC机房运维工作可采用适合的管理软件、机器人、人工智能等手段来完成上述工作。 3. 发现设备故障时运维人员要及时进行维修与更换工作。 4. 制定"突发事件的响应时间、突发事件的处理预案及演练程序"	运维方提出，建设方确认	
10.2 运维内容	10.2.1 运维范围	包括环境、设备、软件等三方面。 1. 环境：维持土建、装饰及各种管路的完整性；确保各种水管无漏水隐患；设备运行温湿度满足本标准正文附录A 5.3要求。 2. 设备：保证MMDC的供配电、UPS、空调、消防、安防等系统的正常运行。 3. 保证MMDC的监控及管理系统软件可靠运行	运维方提出	
	10.2.2 运维保养内容	1. 根据运维合同中SLA协议，制定日常维护保养、预防性维护保养、预测性维护保养三种方案；明确运维项目成果的交付内容（详见表10-6），交付方式及量化的考核指标。 2. 日常维护：例行巡检、保养、更换易损件、补充耗材并做相应的记录。 3. 预防性维护：有计划的进行设备、系统维护、更换元器件、耗材补充工作，并做相应的记录。 4. 预测性维护：当系统运行过程中出现故障征兆时，即使没有达到维护期限，也要迅速开展系统的维护工作并做好相应的记录。 5. 定期分析运维记录，提出系统运行优化建议方案。 6. 以运维服务流程为基础，细化管理要素，形成维护管理制度	运维方负责	
	10.2.3 故障维修	1. 故障维修分为质保期、保修期内和保修期外三种形式。 2. 质保期内：厂家负责免费维修、更换设备。 3. 保修期内：包括业主或外包的自主维修；渠道服务或原厂服务的厂家维修。 4. 保修期外：维修工作由运维方负责，维修费用由建设方负责	运维方负责实施	
	10.2.4 设备报废	对维修价值低、达到生命周期的设备进行报废更新	运维方提出，建设方、物业方确认	
10.3 安全检测	10.3.1 评测方式	涉及安全的消防、防雷及接地系统需按周期进行自检、自评或第三方评测	运维方提交，建设方、物业方确认	
	10.3.2 自检自评的要求	1. 由运维方、建设方、物业方等组成检测主体。 2. 对消防、防雷及接地系统进行外观检查及功能性测试等。 3. 将检测结果、整改措施等形成书面检测报告	运维方提交，建设方、物业方确认	

续表

阶段	主要内容	内容描述	角色	备注
10.3 安全检测	10.3.3 第三方评测的要求	1. 如果建设方提出或其他原因，运维方可聘请第三方检测机构涉及安全的消防、防雷及接地系统进行评测。 2. 选择的评测主体必须具备相关的资质。 3. 测评内容至少包括外观检查、功能性测试及系统有效性测试等。 4. 将测评结果、整改建议等形成测评报告	运维方提交，建设方、物业方确认	

三、流程框图

运行维护流程框图见图 10-1。

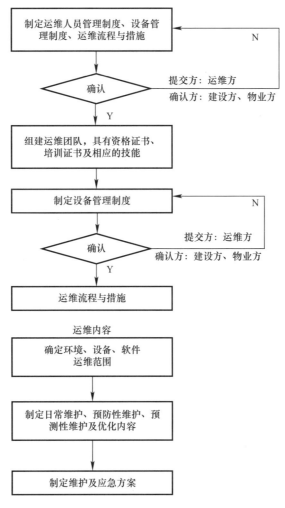

图 10-1　运行维护流程框图

四、其他

机房人员出入登记表

表 10-2

日期	单位	姓名	联系电话	事由	进入时间	离开时间	值班人员	审核人员

设备统计表

表 10-3-1

日期	设备名称	型号及配置	数量	单位	系统管理员	审核人员

设备进出机房登记表

表 10-3-2

日期	设备名称	型号及配置	数量	单位	事由	系统管理员	审核人员

采购计划审批单

表 10-4

采购计划审批单						订单编号：	
需求部门		填表人		申请日期			
使用地点		拟用时间		所有权			
用途				归属			
申请理由							
选型依据			预计下次 需求时间				
采购公司							
购置清单							
货品名称	型号	数量	单位	单价	金额	备注	
审批				合计			
网络中心		年　月　日	采购部			年　月　日	
相关部门		年　月　日	财务总监			年　月　日	
主管领导		年　月　日	总经理			年　月　日	

MMDC 机房设备维护工作登记表　　　　　　　　表 10-5

编号：

机房名称						
机房地址						
联系人			联系电话			
维护日期			托管机房			
进入机房人员						
维护内容	更换设备 □ （留身份证复印件）	名称	原设备型号	新设备型号	原设备尺寸（cm）	新设备尺寸（cm）
					L：　W：　H：	L：　W：　H：
		设备编号		更换原因		
	搬出设备 □ （留身份证复印件）	名称	型号	尺寸（cm）		
				L：　W：　H：		
		设备编号		搬出原因		
	一般维护 □	名称		型号		
		设备编号				
		具体工作				
	其他					
	维护人员签名： 单位盖章： 身份证号码： 申请日期：					
对应机架号 （机房人员填写）						
机房人员意见					日期：	
备注						

基础设施日常运维事项表　　　　　　　　表 10-6

序号	服务项目	服务分项	服务标准
1	MMDC 值班监控	值班和监控	根据项目实际情况合理制定值班监控制度及方案
			7×24h 按照要求进行现场值守
			按要求填写值班记录并保存备查
			每月完成工作质量自查并保存自查记录备查
2	日常巡检	供配电系统巡检	根据现场情况合理制定巡检计划及巡检方案
			每天不少于 2 次按计划与方案进行巡检
			按要求填写巡检记录并保存备查
			每月完成工作质量自查并保存自查记录备查
		空调暖通系统巡检	根据现场情况合理制定巡检计划及巡检方案
			每两小时一次按计划与方案进行巡检
			按要求填写巡检记录并保存备查
			每月完成工作质量自查并保存自查记录备查
		消防系统巡检	根据现场情况合理制定巡检计划及巡检方案
			每两小时一次按计划与方案进行巡检
			按要求填写巡检记录并保存备查
			每月完成工作质量自查并保存自查记录备查
		安防系统巡检	根据现场情况合理制定巡检计划及巡检方案
			每两小时一次按计划与方案进行巡检
			按要求填写巡检记录并保存备查
			每月完成工作质量自查并保存自查记录备查

续表

序号	服务项目	服务分项	服务标准
3	预防性维护管理	供电系统维护	根据项目实际情况合理制定维护、保养计划
			每季度至少一次按计划完成维护、保养工作
			按要求填写维护、保养记录并保存备查
			维护、保养方案及结果评估保存备查
		空调暖通系统维护	根据项目实际情况合理制定维护、保养计划
			每季度至少一次按计划完成维护、保养工作
			按要求填写维护、保养记录并保存备查
			维护、保养方案及结果评估保存备查
		消防系统维护	根据项目实际情况合理制定维护、保养及测试计划
			每季度至少一次按计划完成维护、保养及测试工作
			按要求填写维护、保养及测试记录并保存备查
			维护、保养及测试方案和结果评估保存备查
		安防系统维护	根据项目实际情况合理制定维护、保养及测试计划
			每季度至少一次按计划完成维护、保养及测试工作
			按要求填写维护、保养及测试记录并保存备查
			维护、保养及测试方案和结果评估保存备查
		机房环境动力监控系统维护、测试	根据项目实际情况合理制定维护、测试计划
			每季度至少一次按计划完成维护、测试工作
			按要求填写维护、测试记录并保存备查
			维护、测试方案及结果评估保存备查
4	能耗分析及运行优化	基础设施运行能耗分析并针对性优化	根据MMDC运行不同阶段（尤其是前期负载较小阶段）合理制定各系统运行方案，建立能耗分析制度并对MMDC运行及时进行优化，确保MMDC的EEUE指标合理，能耗会议记录保存并备查
5	资产（配置）管理	基础设施设备资产（配置）管理	建立资产（配置）管理流程并遵照执行，配置管理流程文档、配置管理清单和配置管理流程活动记录保存并备查
6	变更管理	对项目所有变更进行管控	建立变更管理流程并遵照执行，流程文档、活动记录和变更管理工单备查
7	容量管理及布局规划	对机房容量进行管理并提供布局建议	建立机房供电、制冷和空间容量管理流程并遵照执行，流程文档、活动记录和容量管理清单保存备查，及时为甲方机房布局提供建议方案
8	供应商管理	对基础设施相关第三方供应商进行管理	建立机房基础设施相关第三方供应商管理流程，流程文档、活动记录、年度合格供应商目录和供应商行为记录卡保存备查
9	应急预案及演练管理	基础设施应急预案及演练	根据MMDC各模块专业系统实际情况制定机房基础设施应急预案和演练计划，并按计划在征求业主及客户同意的前提下组织演练。应急预案、演练计划和演练记录保存备查
10	故障响应及处理	设备故障及时响应	建立规范的事件管理流程，通过值班监控及巡检及时发现故障或突发事件，15min内到达现场，按流程进行处理
			故障（事件）工单按要求填写并保存备查
11	报告及其他文档	技术手册文档	供配电、空调暖通、消防、安防专业技术手册保存备查
		基础设施运维报告（含流程报告）	每月15日前提交上一月度运维报告，对每月MMDC基础设施各专业系统、设备运行管理及流程执行情况进行分析、总结
		能耗分析报告	每月15日前提交上一月度能耗分析报告，每月最后一天采集MMDC能耗数据并进行汇总、分析，及时发现问题、解决问题，对MMDC运行方案进行针对性优化

第十一章 监控与管理

一、《MMDC 标准》原文

11 监控与管理

11.1 本地监控

11.1.1 监控与管理应明确本地监控的操作内容，明确数据展示与分析要求，明确开放性及安全性要求。

11.1.2 本地监控和操作内容包括监控内容的上报和对监控系统的操作。

11.1.3 监控内容上报是实现机柜、供配电、UPS、照明、空调、给排水、防雷、监控系统设备的运行状态和指标的上报，并上报机房环境、安防和消防系统的参数和告警信息。

11.1.4 对环境和设备监控系统的操作是实现参数设置、传输、处理、存储以及告警联动。

11.2 远程监控

11.2.1 监控与管理应明确远程监控的操作内容，明确数据展示与分析要求，明确开放性及安全性要求。

11.2.2 远程监控和操作内容应实现本地监控内容上报和操作的所有功能，并通过远程通信管理所有 MMDC 的上报信息，或对所有 MMDC 进行远程操作。

11.3 数据分析与管理

11.3.1 监控的数据应进行展示、分析和管理。

11.3.2 数据展示可在固定或移动终端中展示，包括基本监控和可选监控，应符合下列要求：

1 基本监控内容应包括机柜、供配电、UPS、照明、空调、给水排水、防雷、监控系统设备的状态（正常或告警）和运行参数，配电设备的电压、电流、有功功率、无功功率、用电量参数，环境温湿度参数。

2 可选监控内容宜包括蓄电池、新风、强排水、湿度控制、消防、防雷等设备的运行状态，空气洁净度参数，可在电子地图展示所有机房位置信息，显示 MMDC 的设备分布 3D 视图、资产管理情况、温度云图。

3 监控中出现的告警信号可通过短信、邮件、电话、声光或即时通信工具方式通知。

11.3.3 数据分析包括基本数据分析和可选数据分析。应符合下列要求：

1 基本数据分析包括告警分析及筛选、瞬时 EEUE 和历史 EEUE 的监测记录。

2 可选数据分析可包括 MMDC 的剩余可用电力、空间和冷量等容量资源的分析，子系统能耗统计和电费计算，历史告警的积累和知识库的维护。

11.3.4 数据管理系统满足开放性要求，开放性应符合下列要求：

1 组网方式开放，向下和向上接口协议宜采用国际通用标准。

2 管理系统软件可支持云化演进。

11.4 运维安全

11.4.1 运维安全要求包括应用安全、系统安全和数据安全。

11.4.2 应用安全应包括权限认证和管理，根据不同的角色授予查看或修改权限（设置、修改、删除），通过用户账户以 U 盾或密码的认证方式进行访问，宜限制 IP 地址范围、访问时间段或设置访问设备的 IMEI 或 MAC 控制访问权限。

11.4.3 系统安全应包括采取防网络攻击措施，进行操作系统安全加固，进行数据库、协议和接口安全设计，进行敏感数据保护，实现系统安全。软件系统能通过主流杀毒软件的病毒扫描、漏洞扫描。

11.4.4 数据安全包含采集、传输和存储安全。应符合下列要求：

1 采用 SNMP v3 或更高版本保障采集安全。

2 通过数据加密传输实现数据传输安全。

3 在系统文件、数据库转储文件及应用数据库中实现所有数据的备份和恢复，对操作日志、告警和配置等关键数据实现本地或异地备份，实现数据存储安全。

二、主要阶段、内容及角色（表 11-1）

主要阶段、内容及角色　　　　　　　　　　　　　　　　　　表 11-1

阶段	主要内容	内容描述	角色	备注
11.1 本地监控	11.1.1　监控管理要求	明确操作内容、数据展示与分析要求、开放性及安全性要求，详细内容参见表 11-2 监控事项表	运维方	
	11.1.2　监控及操作内容	指对监控系统的操作及监控内容的上报	运维方	
	11.1.3　上报的监控内容	包括所有设备的运行状态/指标/参数/告警信息及机房环境的参数/告警信息	运维方	
	11.1.4　系统操作的目的	实现参数设置、传输、处理、存储以及告警联动	运维方	
11.2 远程监控	11.2.1　监控管理要求	明确操作内容、数据展示与分析要求、开放性及安全性要求	运维方	
	11.2.2　监控及操作内容	包括远程操作监控系统、上报所有设备的运行状态/指标/参数/告警信息及机房环境的参数/告警信息、通过远程通信管理所有 MMDC 的上报信息并操作	运维方	

阶段	主要内容	内容描述	角色	备注
11.3　数据分析与管理	11.3.1　对监控数据的要求	展示、分析、管理	运维方	
	11.3.2　数据展示手段及内容	1. 可通过固定或移动终端进行展示；展示的内容又分为基本监控和可选监控两部分。 2. 基本监控即 MMDC 的机柜、供配电、UPS、照明、空调、给水排水、防雷、监控系统设备的状态（正常或告警）和运行参数，配电设备的电压、电流、有功功率、无功功率、用电量参数，环境温湿度参数等。 3. 可选监控即蓄电池、新风、强排水、湿度控制、消防、防雷等设备的运行状态，空气洁净度参数。 4. 可通过电子地图展示所有机房位置信息、显示 MMDC 的设备分布 3D 视图、资产管理情况、温度云图。 5. 监控中出现的告警信息可通过短信、邮件、电话、声光或即时通信工具等方式进行通知	运维方	
	11.3.3　监控数据分析内容	1. 可分为基本数据和可选数据两类进行分析。 2. 基本数据包括告警信息的分析与筛选、瞬时 EEUE、历史 EEUE 数据的监测记录。 3. 可选数据包括 MMDC 的电力、空间和冷量等资源使用分析、各子系统的能耗统计和电费计算、历史告警的积累及知识库的维护	运维方	
	11.3.4　监控数据开放性要求	采用开放式组网、国际通用标准协议、支持云化演进管理系统软件	运维方	
11.4　运维安全	11.4.1　运维安全基本要求	确保应用安全、系统安全、数据安全	运维方	
	11.4.2　应用安全内容	应用安全的关键即权限认证和管理；严格遵守不同角色享有不同的权限，采用不同的手段完成应有的工作	运维方	
	11.4.3　实现系统安全的措施	预先设置防止网络遭受攻击的软件；对操作系统进行安全加固；对数据库、协议和接口采用安全设计；对一些敏感数据提前进行保护与备份；MMDC 使用的软件系统允许主流杀毒软件对病毒、漏洞进行扫描	运维方	
	11.4.4　实现数据安全的措施	从数据采集、传输和存储三方面确保安全： 1. 必须采用 SNMP v3 或更高版本采集数据。 2. 数据经过加密方可传输。 3. 所有数据必须在系统文件、数据库转储文件及应用数据库中进行备份和恢复；对于操作日志、告警和配置等关键数据要做到本地或异地备份	运维方	

三、流程框图

本地或远程监控流程框图、数据分析与管理流程框图和运维安全流程框图分别见图 11-1～图 11-3。

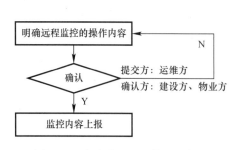

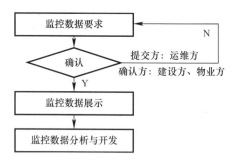

图 11-1　本地或远程监控流程框图　　　图 11-2　数据分析与管理流程框图

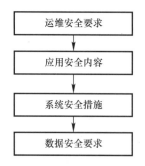

图 11-3　运维安全流程框图

四、其他

监控内容表　　　　　　　　　　　　　　　　　　　　表 11-2

序号	监控分类	监控对象	监控指标
1	动力监控	低压进线总柜	低压进线总柜：监测其三相电的相电压、线电压、相电流、频率、功率、电度参数，以及断路器的分/合状态；具有设备参数显示、故障波形捕捉、事件记录监控；监测其三相不平衡度、零地电压、谐波含量参数
		UPS 输入配电柜	UPS 输入配电柜：监测其三相电的相电压、线电压、相电流、频率、功率、电度参数；监测断路器的分/合状态
		低压配电柜	低压配电柜：监测三相电的相电压、线电压、相电流、频率、功率、电度参数；监测断路器的开/合状态
		UPS 不间断电源	UPS 不间断电源：监测 UPS 三相输入电压，三相输入电流、输入功率、输入频率、三相输出电压、三相输出电流、输出功率、输出频率、电度、旁路电压、旁路电流参数，UPS 输入、旁路、逆变器、整流器状态及电池充放电状态；宜监测电池后备时间参数。不对 UPS 进行控制。（UPS 应自带通信接口，同时需 UPS 厂商开放通信协议）
		蓄电池组	蓄电池组：监测蓄电池组总电压、单体电压、充放电电流以及单体表面温度参数；监测蓄电池单体内阻参数
		UPS 输出配电柜	UPS 输出配电柜：监测其三相的相电压、线电压、相电流、频率、功率、电度参数；监测断路器的分/合状态
		列头柜	列头柜：监测其三相电的相电压、线电压、相电流、频率、功率、电度、各支路电流参数、各支路分/合状态以及断路器的分/合状态。（列头柜应自带通信接口，同时需列头柜厂商开放通信协议）
		PDU	PDU 电源分配单元：监测 PDU 主输入的电压、电流、功率、电度、各支路电流。（PDU 应自带通信接口，同时需 PDU 厂商开放通信协议）

序号	监控分类	监控对象	监控指标
2	环境监控	精密空调	精密空调：监测其开、关状态、送风温度/湿度、回风温度/湿度参数；控制其开、关机。（精密空调应自带通信接口，同时需精密空调厂商开放通信协议）
		普通空调	普通空调：监测普通空调的开、关机状态，控制其开、关机、温度设置，实现来电自启动
		新风机	新风机：对机房的独立新风机进行监控；机房如与其他功能用房建于同一建筑内，并与其他功能用房共用新风系统，宜通过集成方式获取有关机房新风系统的监控数据；应监测新风机启/停、过滤网压差状态；宜控制新风机的启、停，同时确保新风机与压差的联动
		温湿度	温湿度：监测主机房内的温度值、湿度值
		漏水	漏水：监测机房内有水源区域的漏水状态，显示具体漏水位置
		防雷	浪涌保护器：监测机房配电设备的各级防雷装置的工作状态
		加湿	加湿器：监测加湿器的开、关机，工作状态以及湿度参数，控制加湿器的开、关机。（加湿器应自带通信接口，同时需加湿器厂商开放通信协议）
3	安防监控	视频监控	视频监控：包含视频探测、图像实时监视和有效记录、回放；对多路图像信号实时传输、切换显示，应能定时录像、报警自动录像，报警自动录像应包含预录像功能，对云台、镜头预置和遥控；显示、记录、回放的图像质量及信息保存时间应满足机房管理要求，每路视频存储时间应 30d 或以上
		门禁	门禁：监测主机房、支持区出入口的开/关状态，自动记录、存储各种刷卡、报警事件；系统应满足紧急逃生时人员疏散的相关要求，在紧急逃生时，能自动开门；对受控区域的位置、通行对象及通行时间等进行实时控制，能远程控制开关门
		防盗入侵	防盗入侵：安装入侵探测设备，构成点、线、面、空间或其组合的入侵报警系统；显示和记录报警部位和有关警情数据，提供与其他子系统联动的控制接口信号

第十二章 拆除与回收

一、《MMDC 标准》原文

12 拆除与回收

12.1 拆除

12.1.1 拆除方案包括拆卸和移除的施工方法、物品回收计划、环保措施、施工安全措施、废弃物处理计划、残值评估的相关内容。拆除方案应由建设方及相关方确认。

12.1.2 拆卸和移除的施工包括拆除准备和作业，应符合下列要求：

1 拆除准备对被拆除物品进行可回收和不可回收分类；做好环保和施工安全防范措施。

2 拆除常规作业在专业人员的指导下进行施工；涉及特种作业，例如电力、空调、切割、焊接等，需专业人员操作，保证设备及人员安全。

12.2 回收

12.2.1 根据国家和地方的相关法律法规及物资折旧办法，对设备残值进行预估，并对可回收的设备进行回收处理。

12.2.2 可回收的物品应由专业回收单位进行回收。

12.3 废品处理

12.3.1 根据国家和地方的相关法律法规，应对不可回收的物品进行处理；不可回收物品根据环保要求分类处理，防止环境污染。

12.3.2 不可回收物品应分类记录在案，且向相关主管部门报备。

二、主要阶段、内容及角色

主要阶段、内容及角色

表 12-1

阶段	主要内容	内容描述	角色	备注
12.1 拆除	12.1.1 拆除方案	拆除方案包括：拆除标的、施工方法、施工安全措施、物品回收计划、环保措施、废弃物处理计划、残值评估等。方案应经过批准后，方可实施。 1. 拆除标的包括拆除内容、范围。 2. 施工方法应根据施工标的的内容、范围和时间，采用相应的技术和工艺，制订按时完成全部拆除内容的实施步骤	施工方、建设方、监理方、物业方	

阶段	主要内容	内容描述	角色	备注
12.1 拆除	12.1.1 拆除方案	3. 拆除施工涉及财产安全和人身安全，所以必须采取各种保障措施，以避免人身伤害和财产损失的发生。施工安全措施就是各种保障措施中最直接、最有效的一类。施工安全措施应识别施工过程中的所有危险因素并制订相应的措施，对可能发生的严重事故要制定应急预案。 　　4. 拆除施工中会产生许多拆除物。拆除施工过程及拆除物的处理过程中，除了要注意施工安全外，还需要格外注意环保，采取各种措施，减少和降低固体废弃物、噪音、电子废弃物和有毒有害物质对周边环境的影响。施工过程中产生的拆除物包括两类，一类是无法再回收利用的废弃物，另一类是可以再利用的设备、材料。对于可再利用的应制定物品回收计划，按照第12.2节的回收流程进行回收。对于废弃物，将按照第12.3节废品处理流程进行处理。 　　5. 残值是该固定资产报废时预计可收回的价值，通俗一点说，就是该固定资产报废时能卖多少钱。所以说残值评估就是对拆除施工中废弃物的回收价值进行评估	施工方、建设方、监理方、物业方	
	12.1.2 拆除准备和作业	拆除准备包括：熟悉拆除方案，核查拆除内容，识别有毒有害物质，确认需要配备的劳动力数量及工种，核实需要的施工机械及工具，确认拆除与保留的施工界面，对被拆除物品进行是否可回收的预评估，划定可回收物的放置仓库和废弃物的堆放场所等。做好环保和施工安全防范措施。熟悉拆除施工所在地的政策及规定，需要办理相关手续的，及时到相关部门办理手续。熟悉方案中所列的应急预案，让所有人员在遇到紧急情况时，知道应该如何处置和救援。 　　常规拆除作业应在专业人员的指导下进行施工。涉及到特种作业，例如电力、空调、切割、焊接等，需专业人员操作，保证设备及人员安全。施工过程要严格按照批准的拆除方案进行施工，各种机械与专业人员按事先制订的顺序依次进场，施工中要注意安全，如遇紧急情况，要严格按照施工方案和应急预案的要求进行处理，避免和减少人员的伤害和财产的损失。 　　完成工作后要及时清理现场，核实是否完成拆除方案的全部内容。确认已经完成，则整理资料，办理竣工验收手续		
12.2 回收	12.2.1 回收处理	回收处理包括回收计划、物品分类、净值评估、残值预估、回收政策和要求等相关内容。 　　1. 拆除过程中可利用的物品应分门别类进行存放和保管，以利于回收利用。 　　2. 净值与残值不同，是固定资产的原值减去历年的折旧。一般情况下净值越高可利用价值越大。净值评估也就是回收物可利用程度的评估。回收时应按固定资产折旧的规定进行拆除设备设施的残值预估，并折算到收购价中。已回收的设施设备应做好销账和财务工作。 　　3. 可利用物回收是利国利民的好事，但也要遵循国家的政策和法规，同时也要符合地方对物品回收的具体要求	建设方、施工方、回收方、检测方、物业方	
	12.2.2 回收单位的确认	由于物品回收涉及许多专业内容，处理不好，不但不能修旧利废，还有可能造成环境污染和人身伤害事故，为此相关部门对物品回收单位是有资质要求的。回收单位必须具有国家规定的相关资质		
12.3 废品处理	12.3.1 废弃物确认与处理	废弃物确认与处理包括物品分类、堆放存储要求、国家对处理废弃物的政策和要求、废弃物处理单位的确认等相关内容。 　　1. 工程中不可再利用的废弃物按照物质形态可以分为：固体废弃物和液体废弃物；按照性质可分为危险废弃物和一般废弃物。机房中的固体废弃物一般包括建筑垃圾、金属机柜与电子废弃物，电子废弃物中可能会存在有毒有害废弃物，如蓄电池。根据国家关于处理废弃物有关的规定，所有废弃物都不得随意丢弃，尤其是属于有毒有害的废弃物，应根据环保要求进行分类并对有毒有害物进行甄别	建设方、施工方、回收方、物业方	

续表

阶段	主要内容	内容描述	角色	备注
12.3 废品处理	12.3.1　废弃物确认与处理	2. 应按照不同种类的废弃物堆放要求，选择和确定堆放场所和库房，避免对环境造成影响。 3. 废弃物的处理涉及许多专业领域和技术，处理不好，轻者有可能造成环境污染和人身伤害事故，重者将造成严重人身伤亡事故和重大财产损失。废弃物处理单位必须具有处理相应废弃物的相关资质	建设方、施工方、回收方、物业方	
	12.3.2　废弃物的记录与备案	根据国家关于处理废弃物有关的规定，所有废弃物都不得随意丢弃，尤其是属于有毒有害的废弃物，应根据环保要求进行分类，对有毒有害物进行甄别，分别存放，存放场所必须安全可靠。做好相关废弃物处理的报告和材料的整理与存档，需要备案的及时向相关部门备案		

三、流程框图

拆除流程框图、回收流程框图和废弃物处理流程框图分别见图12-1～图12-3。

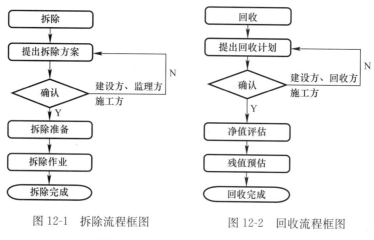

图 12-1　拆除流程框图　　　　　图 12-2　回收流程框图

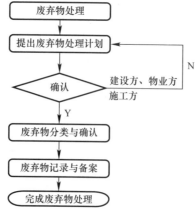

图 12-3　废弃物处理流程框图

附录 A 《模块化微型数据机房建设标准——实施指南》（案例）

为了帮助使用者更好地理解和使用《MMDC 建设标准》，特编制以下 8 个案例，所有案例均以真实案例为基础，进行加工、整理，仅供参考。

案例一：模块化微型数据机房建设案例（单机柜）

案例二：模块化微型数据机房建设案例（单排机柜）

案例三：模块化微型数据机房建设案例（双排机柜）

案例四：模块化微型数据机房建设案例（智慧巡检解决方案）

案例五：模块化微型数据机房建设案例（AI 在微模块机房中的应用）

案例六：模块化微型数据机房建设案例（消防专项案例）

案例七：模块化微型数据机房建设案例（防雷专项案例）

案例八：模块化微型数据机房建设案例（运维专项案例）

案例一：模块化微型数据机房建设案例（单机柜）

1　项目概况

1.1　本工程位于 ＿＿＿＿（省市），＿＿＿＿（区）＿＿＿＿（路）。总建筑面积约 25000m²。地下层，主要为车库、各种机房、库房；地上层，主要为办公室、餐厅、会议室等。建筑主体高度 80m（地上 60m，地下 20m），裙房高度 24m。结构形式为框剪结构，基础为桩基，楼板厚 200mm，垫层厚 80mm。

1.2　建筑耐久年限：一级；建筑设计使用年限50 年；人防工程为五级，平战结合；防火分类等级：一类，防火等级：一级；抗震设防烈度：7 度；抗震设防分类：乙类，按8 度采取抗震措施。

1.3　本设计内容仅为位于3 层309 房间的模块化微型数据机房设计，该房间建筑面积 6m²。

1.4　建设形式：密闭型微模块单机柜（封闭冷热通道）。

1.5　案例平面及机柜示意图见图 1-1 和图 1-2。

2　规划设计

2.1　建设目标

（1）MMDC 等级分类为Ⅰ级；

（2）建设投资≥X 万元；

（3）机柜数量 1 台；

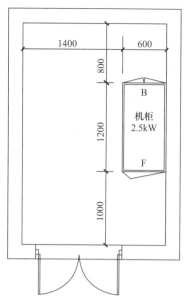

图 1-1　机柜平面布置图　　　　图 1-2　机柜示意图

（4）系统配置：密闭型微模块单机柜（封闭冷热通道），机柜内部设置电源配电单元，机架式 UPS 电源设备，后备时间 ≥15min 的免维护铅酸蓄电池或锂电池，PDU 电源条（可含防雷），LED 照明灯，接地保护铜排，机架式空调机，电池模块，多功能监控彩色显示屏，智能综合管理主机，门禁锁，漏水监测模块，监控报警模块，温湿度模块，自动消防模块，烟温感模块（可采用吸气式烟雾探测火灾报警系统）；

（5）符合相应保护等级第二级；

（6）项目进度计划：从设备采购到设备安装、投入使用约为 30d；

（7）运维方式：无人值守，远程管理；

（8）满足设计目标和节能指标要求。

2.2　需求分析报告

（1）根据贵单位的机房内各类计算机设备对机房环境的技术指标和质量要求，采用 MMDC 等级分类表中Ⅰ级标准设计和施工。

（2）设计标准：

《模块化微型数据机房建设标准》（T/CECA 20001—2018）；

《数据中心基础设施施工及验收规范》（GB 50462—2015）；

《建筑照明设计标准》（GB 50034—2013）；

《建筑工程设计文件编制深度规定（2016 年版）》；

《建筑抗震设计规范》（GB 50011—2010）；

《建筑物电子信息系统防雷技术规范》（GB 50343—2012）；

《火灾自动报警系统设计规范》（GB 50116—2013）；

《智能建筑设计标准》（GB 50314—2015）；

《综合布线系统工程设计规范》（GB 50311—2016）；

《安全防范工程技术标准》（GB 50348—2018）；

《出入口控制系统工程设计规范》（GB 50396—2007）。

（3）系统规模为模块化微型单机柜，微模块网络间机房面积≥6m²，机柜数量为 1 台，IT 设备总用电功率≥2kW。

（4）建筑结构条件：钢筋混凝土结构，机房楼板承载需≥500kg/m²，设备出入口和运输通道宽度≥0.8m，净高≥2.2m。

（5）机电、设备专业要求：满足机房电源、防雷接地、信息网络和空调排水的接口需求，小机房与办公楼层信息需求配套。

（6）建设计划包括规划决策、计划、调研、设计、制造、安装、调试、试运行等 MMDC 机房建设的全部过程；质量要求满足 IT 设备配套、运维、节能和质保要求；本工程为交钥匙工程，总费用≥×万元。

2.3 项目立项和规划方案

（1）项目立项内容：

① 项目说明：项目概况（建设地点、内容、规模）项目产品、工程技术方案、项目主要设备选型、配套工程、项目投资规模、资金筹措方案；

② 资源开发及综合利用分析，包括资源开发方案、资源利用方案和资源节约措施；

③ 项目节能方案分析，包括用能标准和节能规范、能耗指标分析、节能措施和节能效果分析；

④ 项目经济影响分析，包括项目经济费用效益或费用效果分析；

⑤ 社会影响分析，包括项目社会影响效果分析、项目社会适应性分析、项目社会风险及对策分析。

（2）规划方案：综合考虑信息结构、系统、服务、管理和其间的相互联系，为实现应用、成本、便利和安全多方面的目标，建立一个模块化的、灵活的和可靠的微模块信息机房，在满足项目的需要的同时尽可能地减少投资和运维费用。

2.4 方案设计

2.4.1 概述

为满足××公司办公信息数据交换处理需求，在本公司办公区设置 1 个单机柜的 MMDC 机房，该 MMDC 机房面积≥6m²；MMDC 机房采用 1 台机柜，其内置机架 UPS、蓄电池、机架式配电单元和机架式空调，并预留≥16U 信息设备空间；信息设备用电容量≥2kW、空调用电容量≥1kW，机房最大供电容量为 4.5kW，电源采用 220V 单相三线制、引自同层配电箱；机房防雷接地与楼层配电箱 PE 端子、总等电位端子连接；空调冷凝水排水就近排到地漏，机房采用动环监控智能管理系统，为无人值守机房。

2.4.2 平面布局

MMDC 微型模块化一体化机柜平面图（详见图 1-1 机柜平面布置图）。

2.4.3 系统设计

（1）模块化单机柜微型模块化一体化机柜设备布置图。

（2）模块化单机柜微型模块化一体化机柜供配电系统图。

（3）模块化单机柜微型模块化一体化机柜动环监控智能管理系统图见图 1-3。

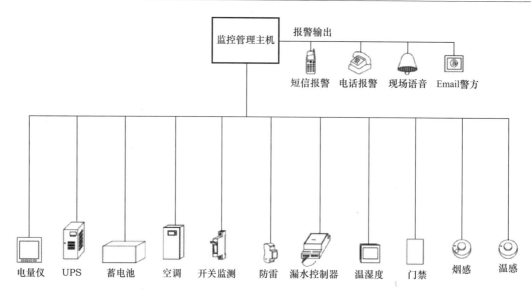

图 1-3　模块化单机柜微型模块化一体化机柜动环监控智能管理系统图

2.4.4　主要设备选型（表 1-1）

主要设备选型　　　　　　　　　　　　　　　　　　　　　　　　表 1-1

品名	规格	参考品牌	单位	数量	备注
机柜	600×1200×2000	知名品牌	台	1	
电源配电箱	机架式，完成柜内所有设备配电需求	知名品牌	台	1	
UPS	机架式 220V/3kVA	知名品牌	台	1	
蓄电池	与 UPS 配套，后备 15min	知名品牌	套	1	
PDU	输入：220V/16A，输出：10 插口	知名品牌	只	2	
空调机	机架式/制冷量≥2.5kW	知名品牌	台	1	
智能综合管理主机		知名品牌	台	1	
智能监控软件		知名品牌	套	1	
柜内消防装置		知名品牌	套	1	

2.4.5　系统组成（表 1-2）

系统组成　　　　　　　　　　　　　　　　　　　　　　　　表 1-2

系统名称	主要描述	备注
系统机柜单元	系统机柜单元为 1 套专用标准服务器机柜单元	
系统配电单元	采用 1 套的标准机架式输入/输出配电组件具有微模块的总输入空开、UPS 输入空开、空调空开、维修旁路空开、UPS 输出空开、IT 配电空开、防雷模块等组件	
系统供电单元	采用 1 套容量≥2kW 机架式 UPS 及配套的后备电池模块，支持系统实际负载后备不少于 15min	
系统制冷单元	采用 1 套机架式安装的专用单冷型变频空调，安装在机柜的底部，用于整个微模块的制冷	
机架式消防系统	采用 1 套机架式安装的消防系统单元，安装在机柜的上部，用于整个微模块的消防	
系统监控单元	各种智能设备、环境量的参数和状态均通过系统监控单元进行设置、监测、采集、报警，并可使用户通过远程监控实时监控微模块一体化机柜的运行状况	

2.4.6 进度计划（表 1-3）

单机柜模块化微型数据机房进度计划表 表 1-3

时间（天）	1	2	3	4	5	6	7	8	9	10	11	12	13	14	15	16	17	18	19	20	21	22	23	24	25	26	27	28	29	30
规划设计	■	■	■	■	■																									
采购与招标						■	■	■	■	■	■	■	■	■	■	■	■	■	■	■	■									
进场与设备验收																						■								
安装调试																							■	■	■					
试运行																										■	■			
验收交付																													■	■
技术培训																													■	■

2.5 投资经济分析

包括运营模式分析，明确自用、租赁、代建或其他运营模式；TCO 分析，明确建设投资费用和运营管理费用规模；ROI 分析，明确回报率。

2.6 建设投资控制分析

包括按照估算、概算、预算、结算各阶段设置目标和要求，明确项目建设的资金来源和资金支付计划。

2.7 运营管理费用控制分析

包括日常管理、维护保养的人员费用；备品备件、易耗品的材料费用；场地费用及水、电、通信产生的运行费用；贷款利息、服务费、设备折旧的财务费用。明确运营管理费用的支付计划。

3 采购及招标

3.1 采购及招标阶段

包括项目的招标、澄清、投标、评标、竞争性洽谈、定标、公示、中标及签约。根据设计文件编制招标文件，包括商务条款、技术条款及投标文件组成要求，并明确招标方式。

3.2 通用商务条款

3.3 通用技术条款

3.4 投标文件范本

包括对系统范围、系统架构、施工界面、工艺要求、产品规格、设备清单、服务要求、资料文档的实质性响应说明。（只写有技术特色的部分，其他可表示符合招标文件要求）

3.5 技术、商务、报价分值评分标准表

3.6 评标、中标和签约的组织和过程纪要

3.7 设计目标和节能指标要求

符合国家标准《数据中心基础设施施工及验收规范》（GB 50462—2015）相关质量内容。

4 进场与设备验收

4.1 技术文件

结合招标文件、设计文件、现场条件及产品特征完善设计文件，形成技术详细（交底）方案，包括技术文件、施工组织方案并提交建设方、监理方审核。

技术文件主要包括微型模块化一体化机柜 MMDC 的设计说明、施工图、计算书、节能措施说明书和工程量预算书等。

设计说明包括施工图设计总说明，土建和装饰装修、电气、暖通和给水排水、动环监控智能化管理、网络综合布线、消防报警和气灭各专业系统的设计说明。

（1）设计文件

设计文件内容包括 MMDC 工程的土建和装修、电气、暖通和给水排水、动环监控智能化管理、网络综合布线、消防报警和气灭各专业系统的施工图、网络拓扑图、外部接口综合图等。

① 土建和装饰装修施工图主要包括：机房的装饰装修地面和顶面平面布置图，墙体的立面图，机房顶面、地面和墙体的防火保温图，室内装修表、室内装修做法明细表和主要设备材料表，施工大样图等。

② 电气施工图主要包括：机房供配电系统图、配电柜（箱）系统图、设备平面布置图、动力布线平面图、照明配电平面图、电缆桥架管线平面图、墙壁插座配电平面图、机房防雷接地系统图和平面图等。

③ 暖通和给水排水施工图主要包括：空调系统图和平面布置图、新风和排风系统图和平面图、给水排水系统图和平面图、冷媒管桥架平面图、主要设备表、施工大样图等。

④ 动环监控智能化管理施工图和网络拓扑图主要包括：动环监控智能化管理系统图、网络拓扑图和监控点位平面图。

⑤ 网络综合布线施工图包括：网络综合布线和平面综合布线图。

⑥ 消防报警施工图包括：消防报警联动系统图，烟感、温感平面布置图，吸气式感烟火灾探测器布置图。

⑦ 外部接口的综合图包括各专业对外接口。

⑧ 确认施工图深度满足《建筑工程设计文件编制深度规定（2016 版）》及建设方要求。

（2）节能措施说明书

本项目节能措施说明书内容包括微型模块化一体化机柜内的装修、设备、运维等节能措施，主要包括以下方面：

① 装修方面：机房六面体保温，严格做好机房桥架管线穿墙孔洞的防火封堵。

② 电气方面：采用节能型 UPS 供电降低 UPS 损耗，电缆采用经济电流截面降低电缆

发热损耗，照明采用节能型 LED 灯具。

③ 暖通方面：模块化微型模块化一体化机柜采用高效节能型机架式空调。

④ 机柜方面：采用封闭冷通道（冷池技术）和封闭热通道技术，机柜空位处采用盲板封堵防止冷热气流短路造成冷量损耗。

⑤ 智能监控管理：自动实时监控机房运行状况，自动监控模块化微型模块化一体化机柜冷池和热池温湿度和机房温湿度。

（3）预算书

附预算书（清单与图纸相符，存在分期投入问题）。

（4）深化设计

由单机柜制造厂家对设计图纸进行部分深化设计，主要包括：满足业主需求的变化和合理化建议的实施、深化设计说明和施工图及变化的工程量清单。（备注：深化设计需得到一次设计单位、业主和监理的书面确认。）

4.2 建筑现场条件

需确保建筑、结构、机电、环境、施工安全等专业符合进场要求。

（1）建筑专业现场条件

① 建筑专业现场条件应包括：开工手续、场地、环境、装饰、运输、保洁等要求。

② 开工手续办理齐备，现场具备开工条件。

③ 机房场地的净面积为 ≥6m²，净高 ≥2.3m，完全满足 MMDC 工程的建筑要求。

④ 本项目施工时间在秋季，天气温度在 7～20℃，机房的环境温度在 10～30℃，相对湿度为 40%～50%，完全满足规范规定的现场的环境温度 5～45℃，相对湿度 20%～80%，海拔高度不得高于 5000m 的要求。

⑤ 本项目现场满足装饰要求：主机房建筑地面均匀、平整、牢固、无缝隙；顶面和墙面表面平整、边缘整齐，排布合理，无变色、翘曲、缺损、裂缝、腐蚀等缺陷；门窗安装应平整、密闭、牢固，门窗开闭自如，安装位置符合设计要求；所用材料满足《建筑内部装修设计防火规范》（GB 50222—2017）等规范的要求。

⑥ 现场设备出入口和运输通道宽度为 ≥0.8m，高度为 ≥2.2m，地面平整结实，荷载满足设备搬运要求。

⑦ 每天都能维持机房场地的清洁。

（2）结构专业现场条件

① 机房建筑结构形式为钢筋-混凝土结构。

② 机房楼面及运输通道的荷载条件满足设计和设备安装要求。

（3）机电专业现场条件

① 现场设备质量符合设计和产品说明书的要求；设备的名称、型号、数量和技术参数符合设计要求；标识完整明确。

② 机电设备的安装牢固可靠、符合抗震等级要求。

③ 机房具有防雷接地端子，接地电阻均不大于 10Ω，满足机房设备使用要求。

（4）环境专业现场条件

① 对现场空气质量包含温度、相对湿度、硫化物、氮化物、空气含尘浓度等进行检测满足《MMDC 建设标准》要求。

② 机房空气洁净度为：大于或等于 $0.5\mu m$ 的悬浮粒子数小于 1760 万粒/m^3，符合规范标准要求。

③ 检测机房二氧化硫浓度不大于 $0.5mg/m^3$，二氧化氮浓度不大于 $0.24\ mg/m^3$，符合《MMDC 建设标准》要求。

④ 机房照明环境：采用节能型高效发光 LED 灯，照度为 300lx、显色指数不小于 80，符合《MMDC 建设标准》要求。

（5）施工安全现场条件

① 施工现场水、电、交通、通信的供给都能满足施工进场要求。

② 施工环境温度和相对湿度范围，符合《MMDC 建设标准》要求。

③ 现场堆放的施工材料、设备及物品整齐有序，并有标识和管理记录。现场具备防火防盗设施。满足施工安全条件。

4.3 现场施工管理

（1）施工进场应提交施工申请报告，报告附件包括技术文件、施工组织方案，且符合下列规定：

① 技术文件包括正式的施工深化图、工程安全和技术交底文件。

② 施工组织方案包括对项目的施工部署、人员配置、进度计划、质量保证措施、成本控制、安全措施、场地规划、文明施工和保修服务等做出详细的说明。

③ 在施工进场申请报告中提出申请施工进场的时间、项目组织人员和需要现场协调的事项等。

（2）设备进场应符合下列规定：

① 提供主要设备及材料到货清单、合格证、检测报告。

② 对于大型的设备和重要的设备如机柜、配电柜、空调等设备进场制定完善的运输方案和保障措施，预选做好设备进场的准备工作使之现场条件完全满足设备的运输、装卸、仓储条件。

③ 在设备进场申请报告中提出申请设备进场的时间、现场准备工作和需要现场协调的事项等。

（3）设备及材料现场检验提交检验申请报告，报告附件包括设备材料到货清单、现场职能部门检验、验货确认，且符合下列规定：

① 根据设备材料到货清单点验货物，确定检验方式及抽样产品数量。

② 由建设方、监理方、施工方和供货方共同检验现场主要设备及材料。

③ 由建设方和监理方进行外观检查，确认无损坏后再开箱检验并签字确认。

④ 在设备材料现场检验申请报告中提出申请设备材料现场检验的时间、现场准备工作和参与单位人员等事项。

（4）设备及材料现场保存作好记录

设备及材料现场保存记录包括填写入库单、出库单，其中：

① 依据"设备及材料到货清单"和"设备及材料现场检验报告"，填写设备及材料入库单，办理好设备及材料的入库管理。

② 做好设备材料的入库储存和保护的管理工作。

③ 设备及材料的投用必须由使用人办理出库单方可出库使用。

5 安装调试

5.1 环境条件

（1）机房内设备根据工艺设计进行布置，满足系统运行、运行管理、人员操作和安全、设备和物料运输、设备散热、安装和维护的要求。

（2）机房应远离粉尘、油烟、有害气体、强振源、强噪声源、强电磁场干扰以及生产或贮存具有腐蚀性、易燃、易爆物品的场所。

（3）地面装修

① 地面应保证平整度和洁净度。

② 等电位接地铜排完全引入大地，测试值电阻小于 4Ω，铜排安装位置与地板支架、桥架等其他管道错开。

③ 地面桥架铺设，包括弱电和强电桥架，两者距离必须保证大于 30cm。桥架之间须用多芯或单芯铜线连接。

④ 机柜设备承重架铺设，承重架须按照重载设备的尺寸、重量、承重点三个标准来制作，其中承重点作为重点考虑。

5.2 设备定位

（1）设备安装就位前，应按设计图纸要求，依据相关建筑物轴线、边缘线、标高线划定设备安装的基准线和基准点，并以此为基准进行测量，确定设备安装的平面位置。

（2）机房内设备根据工艺设计进行布置，满足系统运行、运行管理、人员操作和安全、设备和物料运输、设备散热、安装和维护的要求。

5.3 设备安装

（1）施工前应对所安装的设备外观、型号规格、数量、标志、标签、产品合格证、产地证明、说明书、技术文件资料进行检验，检验设备是否选用厂家原装产品。

（2）微模块柜体整齐，机柜与底座通过螺栓固定连接。

（3）配电模块根据图纸要求放置在机柜内部相应位置，通过螺栓固定连接。

（4）空调根据图纸要求放置在机柜内部相应位置，通过螺栓固定连接。室外机安装与底座通过螺栓固定连接。

（5）UPS 根据图纸要求放置在机柜内部相应位置，通过螺栓固定连接。UPS 蓄电池根据图纸要求放置在机柜电池箱中。

（6）管线连接：

① 机柜与接地系统可靠连接。

② 机柜内电源线与机柜内部安装的 PDU 插座的输入接线端子盒连接。电源进线根据配电系统要求与配电模块总输入塑壳断路器可靠连接。配电模块的 PE 线与接地系统可靠连接。

③ 空调内机与冷凝水管、气管和液管可靠连接；空调内机与电源进线可靠连接；空调内机与外机通过电源线、信号线和冷媒管可靠连接。内机壳体与接地系统可靠连接。

④ UPS 输入输出电源线连接：UPS 与配电单元可靠连接，配电单元与 PDU 可靠连接。UPS 壳体与接地系统可靠连接。

⑤ 动环监控、网络等设备与 PDU、电源模块和配线架可靠连接。动环监控、网络等

设备与接地系统可靠连接。

5.4 设备自检

设备安装完毕应全面自检。

（1）环境温度、露点温度、空气质量、噪声的采集设备应避免安装在死角、强磁场处和距离较热物体过近的地方。

（2）前端电源系统和隐蔽工程应通过现场验收：配电、冷凝水排水等系统的预埋管线的类型、数量是否满足设计要求；管线施工及布线是否符合相关规范。机柜、空调、配电、UPS等系统是否与底座固定连接和可靠接地。

（3）电气系统调试准备要求：

① 配电系统：在柜体未通电之前应当用万用表测量柜体内总塑壳的上端L1相、L2相与L3相之间是否存在短路现象，然后将总塑壳合闸测量塑壳的下端三相之间是否短路，三相与零地之间是否短路；如若以上皆为正常则可用临时电作为第一次上电。在第一次上电后（没有负载）则需要用到万用表来测量塑壳的进线电压及出线电压，如若总塑壳的进出线电压正常，则需要测量支路的出线电压及对零线的电压，然后再用相序表来测量塑壳的进线相序是否正确依次为L1相、L2相与L3相，如果有逆相序存在应当立即判断是进线电缆连错还是其他原因造成。以上测试全部正常则可以将支路依次合闸。

② UPS系统：在接入输入电源（包括交流市电和电池）前，请确认已正确接地，并检查接线和电池极性的连接正确，设备的接地必须符合当地电气规程。由于电池端电压将超过400Vdc危险电压，为避免触电伤人事故，连接电池前需要配戴眼睛护罩，以免意外电弧伤害眼睛；不要佩戴手表、戒指或类似金属物体；要求使用绝缘的工具；穿戴防护工作服和橡胶手套；电池上不能有金属工具或类似的金属零件，防止电池短路。

③ 空调系统：空调开机前需要检查安装平面是否水平；风机叶轮与导流圈的间隙，不允许有碰擦；需要紧固的部位是否都已紧固好；内机球阀是否完全打开；冷媒管是否已经焊接好，经过保压是否存在泄露；冷凝水排水管是否已接好，确保排水通畅；设备内部及周围的杂物是否已清除。

5.5 调试准备工作

编制调试方案、调试准备和人员就位。

（1）接到安装调试任务后，应向有关方面索取施工工程相关专业的系统图、平面图、设计说明书、特殊设计要求说明等。按照施工平面图，系统配置图，核对合同所订货物是否齐全。准备好安装调试所用的各种仪器设备及调试记录表格。

（2）联系好业主方、监理方、施工方、供货方的相关人员就位，做好协调工作。对所有接收的准备调试的设备，进行认真的检查和审核。应按设计要求检查验收设备的规格、型号、数量等，如发现管路线或安装有与设计不符现象，应立即和有关部门或负责人协商并制定整改计划。

（3）检查强电、弱电线路是否敷设连接正确到位。

（4）用500V兆欧表对电源电缆、控制电缆进行测量，线芯与线芯、线芯与地绝缘电阻不应小于0.5MΩ。

（5）电路系统中的金属护管、电缆桥架、金属线槽、配线钢管和各种设备的金属外壳均应接地，保证可靠的电气通路。系统接地电阻应小于4Ω。

（6）人员保障措施：根据试运行内容及要求合理配备人员；相关人员应有从业资格证书或具备专业背景，并持有相关专业上岗证。

（7）制度保障措施：制定数据中心综合监控系统设备试运行日常管理规章制度和工作流程。

（8）制定应急预案应包含处理应急预案的相关人员、完整的应急处置流程和措施、事故报告等。

5.6 调试工作

包括单机调试、系统调试。

5.6.1 单机调试

单体调试是指设备在未安装时或安装工作结束而未与系统连接时，按照有关建设施工及验收技术规范的要求，为确认其是否符合产品出厂标准和满足实际使用条件而进行的单机试运转或单机调试工作。

5.6.2 系统调试流程

调试前准备→设备外观和安装工程质量检查→供电电源检查→接地系统检查→系统设备连接线路检查→单体设备的检查与调试→控制单元功能测试→受控设备单体动作和功能测试→系统调试（包括硬件和软件功能测试）→系统验收。

5.6.3 负荷带载测试

在机房 IT 负载功率不能满足负荷带载测试时，可以采用安装假负载进行带载测试，假负载一般由电阻丝组成，是纯电阻负载，其功率因数为 1，与真实的 IT 负载有一定的区别，IT 负载的功率因数在 $0.9\sim1.0$ 之间。假负载实验一般采用 50% 设计负载，有条件的也可以采用 100% 设计负载进行带载测试。

5.6.4 性能带载测试

通过单个机房模块的满负荷带载模拟，确保设备将会支持关键业务负载的一切设计预期，实际上更加侧重单套系统或者单设备的带载测试；可以通过专业机架式假负载或集中式假负载进行满负荷的带载模拟，同时模拟不同容量的状态变化，来确保所有的设备能够支撑原来设计的预期。经过性能测试带载测试，验证单个设备、单个系统的可靠性。

5.6.5 功能带载测试

按照运维的流程，通过故障模拟和灾难的预演检验运维的可操作性，将数据中心日后运行风险降至最低。同时通过整改带载测试过程中发现的相关缺陷，来保证数据中心的高质量交付，确保数据中心能够作为一个整体的集成平台满足 IT 的需要，并通过针对性的运维优化，将数据中心运行风险降至最低。

6 试运行

6.1 试运行方案

包括人员、制度流程、应急预案、工具及备件等保障措施。

（1）人员保障措施：具有相应从业资格证书或具备专业背景并持有相关专业上岗证的人员方可参与设备的调试运行工作。

（2）制度保障措施：

① 设备、人员进出：

建立完善的审批变更手续。对设备建立相应的 ID 编号为唯一标识。建立相应的知识库，如记录设备的序列号、功率、电流、电压、电源数量、安装位置，明确管理单位或人员，并填写"设备进出登记表"。

② 日常巡检：

要定时巡检，并记录相关的设施、设备运行参数。

③ 备品备件管理制度：

针对本系统的设备梳理设备的日常易损件，根据易损件清单和设备数量制定备品备件管理制度。

④ 应急处理：

运维人员在巡检过程中如遇见设备报警、故障时应进行应急处理，并根据事件的影响度启动相应的应急预案。

（3）应急处理措施：

① 通报：

应急处理划分相应的等级，按照不同的事件类型和级别进行相应通告。

② 流程表：

应急处理应制定的流程表，相应的事件按流程表进行下一步相应的操作流程。

③ 措施表：

详细记录执行的相应步骤措施，对应急处理采取的处理措施。

④ 总结分析：

详细描述事件发生时间、原因、造成的影响程度、处理步骤、恢复时间、过程分析、以及后期预防和改进措施，形成事件报告。

（4）工具及备件措施：

① 对试运行所需有关工具和备件提前进行计划、采购并入库管理。

② 对试运行用的有关工具由相关专业参加试运行人员提前领出并熟悉使用方法，对试运行中出现的有关备品备件的需求在管理上充分满足及时供给，确保试运行的正常进行。

6.2 试运行工作内容

包括开机确认、试运行和试运行报告。

（1）试运行前准备工作内容

① 完成机房的供配电、给水排水等基础条件工作，具体如下：

空调制冷系统是否单机试运行正常，系统是否具备试运行条件，空调制冷系统试运行环境是否满足要求，电能源供给是否到位。

消防报警系统和消防灭火系统设施是否准备到位。

机房空调冷凝水排水是否准备到位。

机房试运行电力能源是否准备到位，供配电系统包括与市电进线、UPS供配电系统、通风空调动力供配电系统、照明供配电系统、检修调试供配电系统和智能监控管理配电系统相关的配电箱、输电线路是否准备到位。设备上电前，设备内的所有开关均应置于断开位置，所有设备的通断电状态都应有显示或标识，有关仪表、指示信号灯应显示正常。

② 完成系统运行日常操作、故障报警处理、应急处理、系统软硬维护和设备巡检等培训。

（2）试运行内容

① 机柜系统：

柜体门把锁、柜内照明。

② 供电系统：

测试配电单元各断路器、接线端子承载能力是否符合设计要求并进行开断操作。

③ UPS 电源：

测试 UPS 输入、输出、电流、电压、频率、谐波、后备时间、各种工作模式，如：静态旁路、维修旁路、电池供电等运行是否满足设计要求。UPS 设备运行状态信息是否在柜门显示屏上实时显示。

④ 空调通风：

观察空调系统的各种工作模式，如：制冷、除湿等运行是否正常。

洁净度是否符合机房要求。柜内基础环境检测传感器实时监测，并在柜门显示屏上显示。空调设备运行状态信息是否在柜门显示屏上实时显示。

⑤ 消防系统：

观察消防灭火模块是否正常，消防报警及联动控制系统是否运行正常。

⑥ 布线系统：

是否符合《综合布线系统工程验收规范》（GB/T 50312—2016）

⑦ 防雷接地系统：

测试各点（主要）的防雷接地电阻值。检查各项指标是否符合《建筑物防雷设计规范》（GB 50057—2010）。

⑧ 机房监控及管理系统：

测试检测系统运行是否正常、数据是否真实、报警值是否能正常触发。主要设备是否能检测到位，如：UPS 系统、空调系统、消防系统等。

⑨ 试运行时间：为确保产品正式运行时稳定可靠，试运行时间应为 30d×24h/d。

⑩ 试运行日志：试运行期间每日生成一份日常操作记录；不定期进行特别工作环境或特殊工况环境测试记录；每两日生成一份问题汇总（含问题处理记录）；出现重大问题（空调停止工作、UPS 无法逆变等）生成重大问题记录（含问题处理记录）；试运行结束对问题处理情况做统一汇总分析。

6.3 试运行发生异常记录与整改

系统试运行发生异常情况时，维护人员应进行相关的信息收集与记录。异常记录内容应包括时间、现象、部位、原因、性质、处理方法。施工方应完成异常情况整改，包括整改方案、结果、确认及备案。

7 验收及交付

7.1 验收成员
由建设方、设计方、施工方、监理方、供货方、政府有关部门等方面的人员组成。

7.2 验收成果资料
包括项目合同、施工图文件、项目预算、调试报告及试运行报告、培训及维保服务、竣工资料。

7.3 竣工资料

包括竣工验收报告、验收表格和监理总结报告。

7.4 设备移交清单

包括设备名称、型号、数量、合格证、说明书、安装位置、软件名称、软件版本。

7.5 竣工结算书

包括竣工图和变更洽商文件。

7.6 机房认证检测

一般机房的检测方应具备中国合格评定国家认可委员会（CNAS）和中国计量认证（CMA）证书，重要机房的检测方宜具备质量监督检验机构认证（CAL）证书。

部分回收单位如下：

（1）江苏宜嘉物资回收再生利用有限公司；

（2）安徽顺祥再生资源有限公司；

（3）宁波圣远再生资源有限公司；

（4）安徽福茂再生资源循环科技有限公司；

（5）南京环务资源再生科技有限公司；

（6）江西益敏电子科技有限公司。

7.7 认证测试范围及内容要求

7.7.1 认证测试范围

包括机柜、供配电、UPS、空调通风、安防、通信、消防、防雷及接地、环境和设备监控等系统。

7.7.2 认证测试内容

包括机房温湿度、噪声、洁净度、照度、无线电干扰场强、磁场干扰场强、静电防护、静电电压、防雷接地、UPS 输出电源质量、市电电源质量、环境和设备监控系统功能和性能。

7.8 认证检测报告

包括项目信息、检测内容、检测结果。

7.9 认证确认及归档

建设方、设计方、监理方和施工方应对竣工资料进行书面确认并归档。

7.9.1 竣工资料移交清单：主要包含竣工验收报告、监理总结报告、其他文档、图纸、设备清单、设备合格证、检测报告等。

7.9.2 竣工验收报告：

① 项目工程概况介绍及完成情况。

② 施工单位在工程完工后对工程施工质量进行检查，检查工程施工质量符合法律法规及工程建设强制性标准情况、履行设计文件和合同要求情况；提出工程竣工报告，并经项目经理和施工单位有关负责人审核签字。

③ 设计单位质量检查报告：设计单位对设计文件和设计变更通知书进行检查，提出质量检查报告并经设计负责人及单位有关负责人审核签字。

④ 验收表。

⑤ 监理总结报告：监理单位工程质量评估报告，由监理单位对工程施工质量进行评

估，并经总监理工程师和有关负责人审核签字。

⑥ 设备移交清单的细项。

8 技术培训

8.1 培训计划

应说明目标、人员、内容、时间、方式、考核。培训内容包括理论培训和实操培训。

根据模块化微型数据中心的运行、维护和管理需求提出培训申请，制定详细的培训计划，并明确要达成的培训目标。

8.1.1 培训目标

包含如下内容：掌握模块化微型单机柜机房基础设施（含软件、硬件、网络和设备等）运行、维护和管理的关键要求；掌握动力设备的节能原理与运维效益量化的思路；掌握管理软件的应用层次与提升应用水平的途径，实现安全运行、绿色节能与运维效益的多重保障；掌握机房基础设施评测的关键要素和预防、发现及消除系统隐患的技术手段与管理措施；掌握安全工作管理方法，强化安全意识，加强安全保障，确保 MMDC 机房安全运行；了解网络能源技术发展现状和发展趋势，实现 MMDC 机房可持续发展。

8.1.2 培训人员

由设备厂商有相关经验的技术专家担任。受训人员主要为机房的运行、维护和管理等职责相关的人员（包括第三方代维公司人员），需要具有机房相关专业的工作经验，建议具备机房相关专业的专科及以上学历。

8.1.3 培训内容包括：

① 单机柜模块化一体化机柜基础设施相关系统的工作原理、设备结构、系统架构等理论培训。

② 单机柜模块化一体化机柜基础设施相关设备操作规程、现场操作方法、设备维护保养、设备安装调试、设备运行参数调整、设备故障排除、事故应急措施等实操培训。

③ 单机柜模块化一体化机柜运维管理应急处理的模拟，运行能耗模拟培训，运维管理的制度和流程等内容。

8.2 培训报告

培训方应根据培训计划，将培训过程和考核结论形成培训报告，并提交给受训方。受训方应在培训报告上签字确认并存档。

培训报告的内容包括但不限于回顾原定的培训计划，记录培训人员、培训时间、培训方式、培训内容、培训过程和要点，记录考核成绩，并给出明确的培训目标达成情况及后续培训的优化建议。

9 运行维护

9.1 运营维护制度

包括人员运维管理制度、设备管理制度、运维流程与措施。

人员运行管理制度基本要求：需具有相关模块化一体化机柜的工作经验，受聘上岗人员需接受技能培训，并以月或季度为单位进行绩效考核，获得相应培训证书可正式上岗。

9.2 运维范围

包括环境、设备、软件。

9.3 维护保养

包括下列内容：

① 根据运维合同约定制定维护保养方案。

② 日常维护。

③ 预防性维护：通过技术手段进行数据和信号的采集和分析，结合设备运行的寿命期统计规律或历史数据，进行后果预测，提前采取的有针对性的维护工作。

④ 根据运行维护记录，分析并优化运行方案。

9.4 故障维修

包括质保期、保修期内和保修期外的维修。

9.5 自评或测评

运维期间消防、防雷及接地的安全监测应按周期进行自检自评或第三方评测。

10 监控与管理

10.1 本地监控和操作内容

包括监控内容的上报和对监控系统的操作等。

10.1.1 监控是指对机房内的环境、设备、子系统状态进行监控。需设置监控主机、移动监控端及告警通知设备。

10.1.2 管理是结合监控数据和运维管理的规章、制度、流程，对数据中心的有效运营进行的综合管理。

10.1.3 模块化一体化机柜监控集软硬件于一体，通常采用 B/S 架构和便捷的嵌入式 WEB 服务方式，监控内容通常涵盖：市电、配电、UPS、蓄电池、温湿度、空调、漏水、烟感、消防、防雷、红外、门禁、视频、服务器、路由器、交换机等，实现集中实时监控、远程运行管理、故障预警通知、历史数据查询、机房无人值守。

10.1.4 本地监控信息

内容包括环境信息、设备状态、安防系统状态和消防系统状态等。

（1）环境信息：包含机房为保障 IT 设备正常工作的温度、湿度、漏水状态等基本运行环境信息。当温度、湿度、漏水高于或低于参考值时都应当通过短信、声光、邮件等形式发出告警信号通知机房管理员。

（2）设备状态：包含供配电设备、制冷设备运行状态。主要指 UPS 设备、配电箱设备、空调设备、蓄电池设备等。

① UPS 监测

实时显示并保存各 UPS 通信协议所提供的能远程监测的运行参数和各部件状态。实时判断 UPS 的部件是否发生报警，当 UPS 的某部件发生故障或越限时，监控主系统发出报警。监控内容：a）遥测：输入电压、输入频率、输出电压、输出电流、输出频率、温度；b）遥信：同步/不同步状态、UPS/旁路供电、市电故障、整流器故障、逆变器故障、旁路故障、蓄电池分断器状态、风扇故障、逆变工作状态。

② 空调监控

能够实现空调的运行状态、过滤网阻塞等的监测与报警，可通过本监控系统改变温度与湿度的设定值。此外，能够实时显示并保存空调所提供的能远程监测的运行参数、各部件状态及报警情况。监控内容：

a）遥测，空调压缩机工作电压、工作电流、送风温度、回风温度、送风湿度、回风湿度、压缩机累计工作时间；b）遥信，空调开/关机状态、过滤器正常/堵塞、风机状态（运行/未运行、正常/故障）、压缩机状态（运行/未运行、正常/故障、除湿/加湿、制冷/加热）。

③ 低压配电柜监测

实时显示并保存各配电柜总进线监测参数数值。当监测的电压或电流超过设定的允许值时，系统诊断为有故障（报警）事件发生，系统发出报警。监控内容：a）遥测：输入电压、输入电流、功率因数、频率、有功（无功、视在）功率、电度；b）遥信：开关状态、市电状态。

④ 蓄电池智能检测系统

系统需检测电池的电压、内阻、电池温度。对电池健康状态进行评估，监控内容：a）遥测，实时监测单节电池的电压、单节电池内阻、电池组总电压、电流等参数，当电池电压不正常或电池需要更换时能给出相应的提示信息和报警。实时监测电池组的温度，总输入和输出电流。

⑤ 门禁监控系统

机房区域设置门禁，门禁记录保存时间大于 1 年。历史数据查询功能：提供刷卡信息历史查询功能；提供人员门禁权限查询功能。

10.2 远程监控和操作内容

应实现本地监控内容上报和操作的所有功能，并通过远程通信管理所有 MMDC 的上报信息，或对所有 MMDC 进行远程操作。

10.3 数据分析

包括监控数据的展示、分析和管理。

10.4 运维安全

包括应用安全、系统安全和数据安全。

案例二：模块化微型数据机房建设案例（单排机柜）

1 项目概况

1.1 本工程位于内蒙古呼和浩特（省市），赛罕区（区）金桥（路）。总建筑面积约 45m²。无地下层，地上 4 层，主要为办公室。机房建筑主体高度 3.5m。

1.2 建筑耐久年限：一级；建筑设计使用年限 50 年；防火分类等级：一类，防火等级一级；抗震设防烈度：7 度；抗震设防分类：乙类，按 8 度采取抗震措施。

1.3 本项目位于 2 层，33m²。

1.4 建设形式：微模块（单列机柜封闭冷通道）。

1.5 案例平面及机柜示意图见图 2-1 和图 2-2。

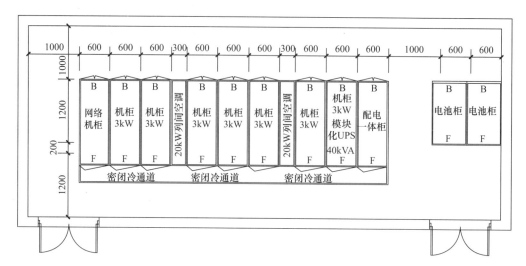

图 2-1 机柜平面布置图

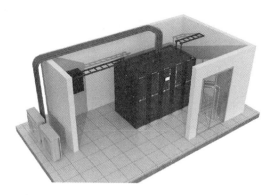

图 2-2 机柜示意图

2 规划设计

2.1 建设目标

机房按照Ⅱ级（冗余级）设计和建设投资，机房要求采用微模块方式建设，微模块采用单列机柜封闭冷通道方式，包含封闭冷通道机柜系统、配电系统（配电柜和 PDU）、不间断电源系统（UPS、蓄电池、蓄电池柜、蓄电池空开箱、蓄电池连接线）、列间空调系统、桥架系统和综合管理系统。机房只有一个房间，微模块和蓄电池均放置在其中。机房运行采用无人值守方式；维护采用自管方式。

2.2 需求分析报告

机房按照Ⅱ级（冗余级）设计，按照 T/CECA 20001—2018 标准设计，机房面积 33m²，机房宽度 4.5m，由 7 个 IT 机柜和 1 个网络机柜组成，单机柜功率 3kW，总 IT 功率 20kW；机房建筑物层高 3.5m，机房位于建筑物的 2 层，运输通道不小于 1.2m。项目总周期 60d，其中设计和招标 15d，产品供货和安装调试 45d。该项目资金采用自筹方式，资金全部到位。机房为用户自用，建成后作为用户的信息中心核心机房，用于承载用户的所有应用系统的运行。机房采用微模块方式,全年平均EEUE指标按照1.6设计。

2.3 项目立项和规划方案

机房面积小,尤其是宽度只有4.5m,无法放置双列微模块,因此该项目设计成单排机柜的封闭冷通道微模块方案。用户自筹资金重新建设新的信息中心核心机房。新机房要求满足现代机房快速建设、功能齐全、灵活扩展、方便管理的需求,建设一个标准化机房。机柜系统、配电系统、不间断电源系统、空调制冷系统、桥架系统和综合管理系统,各系统采用标准化设计,既相互独立又密切配合,能够全方位的满足您的需求。本机房建设由一个机房组成,微模块和蓄电池均放置其中。机房的基础装修,包括金属夹芯板墙面、铝扣板吊顶、静电地板铺设、空调上下水和防雷接地。

2.4 方案设计

机房位于建筑物的一层,面积33m²,宽度4.5m,建筑层高3.5m。机房采用模块化设计,共配置1个微模块,共8个可用IT机柜。机柜采用流行的单排封闭冷通道设计方式;供配电系统采用T/CECA 20001—2018标准的Ⅱ级(冗余级)设计,采用1路市电+1路UPS组成2N供电系统,单机柜功率密度按照3kW设计,UPS要求采用模块化设计,UPS电源模块采用N+1冗余设计,UPS的电池后备时间1h;空调制冷系统采用列间空调方式进行制冷,列间空调N+1冗余。综合管理系统要求对微模块的空调、配电、UPS、温湿度、烟感、漏水、门禁和漏水进行综合监控。设备清单见表2-1;

单排模块化微型数据机房设备清单 表2-1

序号	名称	单位	数量	备注
1	冷通道机柜系统	套	8	含8个柜体及封闭组件
2	配电系统	套	1	含供配电单元、电源分配、智能监控屏。
3	UPS系统	套	1	模块化UPS,配置4块三进三出,10kVA UPS模块,实现3用1备配置
4	电池	节	32	铅酸免维护蓄电池,电压:12V、容量:100(Ah),后备1h,32节/组,合计1组。含电池安装柜
5	空调系统	套	2	风冷式空调系统,制冷量20kW,风冷型,水平送风,变频涡旋式压缩机,EC风机,含加湿功能
6	综合管理系统	套	1	包含主机、软件、前端采集设备及相关辅材
7	消防系统	套	1	含柜内消防装置,具备报警及灭火功能

2.5 投资经济分析

该项目机房为自用,建设方自筹资金,机房运行采用无人值守方式;维护采用自管方式。机房总建设投资100万元(不含内部IT设备)。

2.6 建设投资控制分析

该项目机房为自用,总建设投资100万元(不含内部IT设备),建设方自筹资金。中标后付预付款30%,所有产品供货到达现场后再付款40%,设备安装调试结束后付25%,设备稳定运行一年后再付尾款5%。

2.7 运营管理费用控制分析

该机房由用户自管,用户网络中心安排两人负责机房的日常管理工作。所有产品供货方提供1年质保,由供货方定期负责设备保养和备品备件。机房场地为用户自有,无需提供场地费用。机房的水、电费用根据实际计量的数值支付费用。通信费由用户信息中心统一结算。

3 采购及招标

3.1 采购及招标阶段

包括项目的招标、澄清、投标、评标、竞争性洽谈、定标、公示、中标及签约。根据设计文件编制招标文件，包括商务条款、技术条款及投标文件组成要求，并明确招标方式。

3.2 通用商务条款

3.2.1 投标单位资格要求

（1）符合《中华人民共和国政府采购法》第 22 条的一般资格条件的规定；

（2）投标人具有合法有效的企业营业执照；

（3）投标人须具有合法有效的 ISO 14001、ISO 9001 体系认证；

（4）投标人至少提供 3 份×××年至今的类似案例证明文件复印件，并加盖公章确认；

（5）本项目不接受联合体投标。

3.2.2 投标文件组成及封装要求

投标文件由商务资信投标文件和技术投标文件两部分组成。以上两种文件必须分别封装并分别在封装物上注明"商务资信投标文件"和"技术投标文件"字样。若出现文件混装或在"技术投标文件"中出现投标总价，将作为无效的投标处理。

3.2.3 商务资信投标文件组成

（1）投标函；

（2）开标一览表；

（3）××市政府采购诚信竞投承诺书；

（4）法定代表人授权书原件及授权代表的身份证复印件；

（5）企业法人营业执照副本复印件、纳税证明、社保缴纳证明资料；

（6）投标人相关资质证书；

（7）商务条款响应表；

（8）同类项目的销售业绩表及合同复印件；

（9）其他说明和资料。

3.2.4 技术投标文件组成

（1）技术规格偏离表，请根据招标要求和投标产品详细罗列；

（2）设备的主要技术、性能、特点等详细描述；

（3）投标产品相关资质证明；

（4）项目实施技术方案书；

（5）项目培训计划书；

（6）项目售后服务承诺书及售后服务点、售后技术人员的情况介绍；

（7）项目实施团队人员名单及相关资质证书；

（8）项目优化建议书；

（9）其他说明和资料。

3.3　通用技术条款

3.4　投标文件范本

包括对系统范围、系统架构、施工界面、工艺要求、产品规格、设备清单、服务要求、资料文档的实质性响应说明。（只写有技术特色的部分，其他可表示符合招标文件要求）（表 2-2）

表 2-2

产品名称	数量	单位	参数	推荐品牌	
密闭型微模块	1	套	1. 单柜框架尺寸：600×1200×2000mm（宽×深×高）； 2. 整体安装尺寸：6000×1200×2000mm（宽×深×高）； 3. 融合柜体模块：全封闭，前门 200mm 中空钢化玻璃门，柜内设冷热通道气流循环，内置智能应急送风装置，感应照明系统以及局部空载密闭组件； 4. 绿色变频制冷模块：双模块设计，支持最大制冷量 20kW（标配 5m 铜管辅材）；支持 IT 设备分步进场，实现节能； 5. 不间断电源模块：最大支持 40kVA； 6. 智能配电模块：柜内基础设施市电、不间断电源分配；为 IT 设备提供两路完全独立的电源，一路不间断电源，一路市电； 7. 智能管理模块：7 英寸触摸屏实现柜内环境、基础设施设备本地化管理，支持远程集中管理，手机 APP（Android）、短信、E-mail 报警功能，实现 7×24h 无人值守； 8. 配备柜内消防模块，采用机架式安装，满足柜内消防需求； 9. IT 设备可用空间：≥340U； 10. 配备 32 节 100Ah 蓄电池，满足后备 1h		

3.5　技术、商务、报价分值评分标准表

3.6　评标、中标和签约的组织和过程纪要

3.7　设计目标和节能指标要求

符合国家标准《数据中心基础设施施工及验收规范》（GB 50462—2015）相关质量内容。

4　进场与设备验收

4.1　技术文件

包括招标文件、设计文件、现场条件，结合产品特征完善设计文件，并提交。

4.1.1　结合招标文件、设计文件、现场条件及产品特征完善设计文件，形成技术详细（交底）方案，包括技术文件、施工组织方案，主要内容包括：

（1）施工进度表。

（2）施工组织（管理机构、责任、具体人员）（表 2-3）。

施工组织　　　　　　　　　　　　　　　　　　　　　　　　表 2-3

姓名	本项目拟任岗位	联系电话
吴××	现场经理	188××××××××
詹××	安装资料员	188××××××××

（3）施工人员相关证书：项目经理证书、电工证等。

（4）劳动力安排、施工机具安排（表 2-4）。

劳动力安排、施工机具安排　　　　　　　　　　表 2-4

工种	按工程施工阶段投入劳动力情况		
	总工日（工）	日用工（工）	开工第 1～15d
泥瓦工	2	1	
普工	5	1	
电焊工	2	1	
电工	1	3	
油漆工	2	1	
架子工	2	1	
系统技术员	1	1～2	

（5）项目施工所需器械表（表 2-5）

项目施工所需器械表　　　　　　　　　　表 2-5

序号	机械或设备名称	序号	机械或设备名称
1	砂轮机	12	冲击钻
2	电动圆锯	13	大号手电钻
3	电动线锯	14	小号手电钻
4	手提电动砂轮机	15	开槽机
5	气泵	16	电焊机
6	电动自动螺钉钻	17	电锤
7	液压钳	18	万用表
8	液压开孔器	19	接地电阻测试仪
9	测线仪	20	工程车
10	打线工具	21	云石切割机
11	绝缘电测量仪		

（6）项目施工方案图纸：平面布局图、承重散力支架施工图、接地施工图、消防报警施工图、综合布线施工图、电气管线图。

（7）项目施工方法（技术措施）施工流程说明：静电地板施工工艺、玻璃隔断施工工艺、涂料施工工艺、门窗安装施工工艺、电气工程施工工艺、UPS 施工工艺、精密空调施工工艺。下面重点介绍电气工程施工工艺要求：

① 配管、配线：本工程采用主干线穿管、沿桥架敷设等几种形式，施工前应熟悉本专业及相关专业图纸。确定管线标高及走向。严格按照电气装置安装工程施工及验收规范有关规定进行。配管管径在 DN50 及以下，一律丝扣连接，严禁焊接。接地处和接线盒位置作好接地跨接线。管口光滑并带护圈。

② 桥架安装：施工前熟悉本专业及相关专业图纸，确定最终走向，根据现场实际

情况考虑支架。三通弯头等处应适当加固。安装支架时必须测量准确标高，等支架安装完成并刷好油漆后方可进行桥架安装。该工程所用桥架为热镀锌，安装时严禁气割，必须用曲线锯或切割机进行割据，用电钻钻孔。桥架安装允许水平偏差在 2mm/m 以内。同时合理利用桥架配件，确保安装后外观质量优良，桥架两段间用铜编织线可靠连接，确保接地可靠。

③ 电缆敷设：电缆在桥架内敷设应用尼龙扎带绑扎牢固，并排列整齐。敷设时应尽量避免相互交叉。转弯处，电缆弯曲半径必须大于或等于电缆外径的十倍。

④ 配电箱安装：应安装牢固、清洁整齐，安装位置应严格按设计确定，同时安装水平方向应平直，偏差在 5mm 以内。

⑤ 灯具、开关、插座的规格型号均应符合设计要求。暗开关、暗插座的安装必须横平竖直，其面板必须安装牢固，紧贴墙面。照明装置的接线必须牢固，接触良好。需接地或接零的灯具、插座开关的金属外壳，应由接地螺栓连接。三相插座和单相三眼插座安装时，应按插座上所标的相线、零线和接地线安装，如未标明，一般右边为相线，接地线在上方。安装开关时，应注意线端记号，电源应进开关，零线应进灯具，使开关断开后灯具上不带电。

⑥ 传感器安装应牢固、整洁、美观，位置和高度符合设计要求。

⑦ 低压配电箱、柜、盘的安装应横平、竖直、整齐、牢固。基础安装后，基础型钢应有明显的可靠接地。接线完毕后，应清扫配电箱内的杂物和擦除污垢，并应将熔丝拆下，妥善保管，待正式送电前测定好绝缘电阻后方可装上。电缆敷设前必须检查型号、电压等级、截面、合格证等与设计是否相符，有无损伤，并进行绝缘试验，合格后方可使用。电缆终端头应固定牢靠，相序正确，标志清晰。电缆的试耐压试验，泄漏电流和绝缘电阻必须符合施工规范的要求。

⑧ 接地及防雷装置，电气设备的金属外壳应采取接地保护。接地干线至少应在不同的两点与接地网相连，自然接地体至少应在不同的两个点与接地干线或接地网相连。电气设备的每个接地部分应与单独的接地干线相连，不得在接地线中串接几个电气设备。不得利用金属软管、管道保温层的金属外皮或金属网及电缆金属保护层做接地线。避雷网、带及其接地装置、应采取自上而下的施工和序。首先安装集中接地装置，后安装引下线，最后安装接闪器。

（8）质量保证技术措施：施工过程中的质量控制主要内容包括：

① 进行施工的技术交底，监督按照设计图纸和现行规范、规程施工。

② 进行施工质量检查和验收。为保证施工质量，必须坚持质量检查与验收制度，加强对施工过程各个环节的质量检查。对已完成的部分、分项工程，特别是隐蔽工程进行验收，达不到合格的工程绝对不放过，该返工必须返工，不留隐患，这是质量控制的关键环节。

③ 质量分析。通过对工程质量的检验，获得大量反映质量状况的数据，采用质量管理统计方法对这些数据进行分析，找出产生质量缺陷的各种原因。质量检查验收终究是事后进行，及时发现问题，事故已经发生，浪费已经造成。因此，质量管理工作应进行在事故发生之前，防患于未然。

④ 实施文明施工。按施工组织设计的要求和施工程序进行施工，做好施工准备，搞

好现场的平面布置与管理，保持现场的施工秩序和整齐清洁。这也是保证和提高工程质量的重要环节。

（9）进度保证技术措施：为了实施施工进度计划，在总进度计划的控制下，结合现场施工条件，在开工前和施工过程中不断的编制月、周的作业计划，使施工计划更具体、切实可行，在计划中明确本计划期应完成的任务、所需要的各种资源量，现场的一切施工活动，都必须围绕保证计划的完成而进行。在项目施工进度计划执行过程中，必须做好施工记录，记载计划实施中的每项任务开始日期、进度情况和完成日期，及时准确地提供施工活动的各种资料，反映施工中的薄弱环节，为项目进度检查分析提供信息。

（10）安全保证技术措施：设定安全目标，项目经理部将夯实安全基础工作，加强施工人员的安全意识教育，把安全放在首位，当施工进度、效益与安全发生矛盾时，无条件地服从安全第一的原则，确保安全。安全生产重在预防，关键在投入。项目经理部在施工生产活动中将切实搞好安全隐患预防和预控，配合必要的防护设备，应用安全系统工程将安全隐患消灭在萌芽状态。

4.2 建筑现场条件

包括建筑、结构、机电、环境、施工安全等专业是否符合进场要求。

4.3 施工申请报告

报告附件包括技术文件、施工组织方案；提供主要设备及材料到货清单、合格证、检测报告；现场条件满足设备的运输、装卸、仓储条件。

4.3.1 提交开工申请表（表2-6）

工程名称：××××密闭型微模块数据中心系统建设项目
项目编号：××××××××××

表 2-6

致：建设方
我方承担的××××密闭型微模块数据中心工程，已完成了以下各项工作，具备了开工条件，特此申请施工，请核查并签发开工指令。 1. 施工组织设计已审查，现场管理人员已到位，专职管理人员和特种作业人员已取得资格证、上岗证； 2. 施工图纸； 3. 项目实施方案； 4. 施工现场质量管理检查记录已经检查认可； 5. 进场道路及水、电、通信等已满足开工要求； 6. 质量、安全、技术管理制度已建立、组织机构已落实。 附件： 1. 开工报告；2. 实施方案及相关材料。 项目经理： 　　　　　　　　　　　　　　　　　　　　　　　　　年　月　日
监理方意见： 监理总监： 　　　　　　　　　　　　　　　　　　　　　　　　　年　月　日
建设方意见： 建设方项目负责人： 　　　　　　　　　　　　　　　　　　　　　　　　　年　月　日

本表由施工方填报，经项目审查签认后，建设方、监理方、施工方各存一份。

4.3.2 提交工程材料/配件/设备报审表（表2-7）

工程名称：××××密闭型微模块数据中心系统建设项目
项目编号：×××××××××× 表2-7

致：建设方
我方于××××年××月××日进场的工程、材料、构件、设备数量如下（设备签收单）。 现将质量证明文件及自检结果报上，拟用于下述部位：密闭型微模块数据中心系统、接地系统、玻璃隔断、窗户封堵、静电地板调整等。 请予以审查。 附件：   1. 设备签收清单；   2. 质量证明文件（合格证、检验报告）；   3. 进场验收表。 项目经理： 　　　　　　　　　　　　　　　　　　　　　　　　　　　年　月　日
监理方意见：经检查上述工程材料、构配件、设备，符合/不符合设计文件和规范的要求，准许/不准许进场，同意/不同意使用于拟定部位。 监理总监： 　　　　　　　　　　　　　　　　　　　　　　　　　　　年　月　日
建设方审查意见：经检查上述工程材料、构配件、设备，符合/不符合设计文件和规范的要求，准许/不准许进场，同意/不同意使用于拟定部位。 建设方项目负责人： 　　　　　　　　　　　　　　　　　　　　　　　　　　　年　月　日

本表由施工方填报，经项目审查签认后，建设方、监理方、施工方各存一份。

5 安装调试

5.1 环境条件

应满足设备安装作业条件；审核隐蔽工程验收记录（强电布线等）（表2-8）

工程名称：××××密闭型微模块系统建设项目
项目编号：×××××××××× 表2-8

施工方	××××××公司	结构类型	
隐检项目	接地工程	检查日期	××××××
检查部位	开放式金属桥架，强电布线		

检查依据：
主要材料名称及规程/型号：开放式金属桥架300×100，强电布线

隐检内容：开放式金属桥架，强电布线

续表

检查意见及结论： 监理方意见（监理总监）： 建设方意见（项目负责人）： 日期：

本表由施工方填报，经项目审查签认后，建设方、监理方、施工方各存一份。

5.2 设备安装

包括外观检查、设备就位和管线连接。

5.3 设备自检

设备安装完毕应全面自检；

5.3.1 机房基础装修工程自检表

5.3.2 机房密闭型微模块自检表

5.3.3 机房防雷及接地系统工程自检表（表 2-9）

自检表格式见表 2-9：

工程名称：××××密闭型微模块数据中心系统建设项目
项目编号：×××××××××

表 2-9

系统名称：×××××　　　　　　　　　　　　　　　　　　　　　　　　自检日期：

序号	自检项目	自检内容	自检结果
1	UPS电源监控	检查 UPS 与监控主机所采集的参数、状态、报警量是否正确	合格
2	电量仪监控	检查电量仪与监控主机所采集的参数是否一致	合格
3	漏水监控	检查漏水绳的布置	合格
4	温湿度监控	检查温湿度所检测的实际温湿度与湿度是否与监控主机检测到值是否相符合	合格
5	空调监控	检查空调与监控主机显示参数、状态是否正确	合格
6	……	……	

5.4 调试准备工作

包括编制调试方案、调试准备和人员就位。

设备调试前应做好下列准备工作：

（1）应按设计要求检查已安装设备的规格、型号、数量；

（2）应由施工方提供设备安装情况；主要内容包括所有电气或控制连线是否正确，所有电气、控制连接接头是否紧固，电池安装和连线是否正确，电池正、负极性是否正确，维修旁路断路器是否处于断开状态，被锁紧装置是否锁死；

（3）供电电源的电流、电压应满足设备技术文件要求或设计要求；主要内容包括检查主电源输入电压是否满足设备要求的标称及频率范围；

（4）对有源设备应逐个进行通电检查；

（5）检测监控数据准确性；

（6）检查空调管路系统是否正常连接无泄漏。空调系统检查，完成压力试验及抽真空。管道打压应以 0.5MPa 开始稳压 10min 后，无泄露压力可进行 1.8MPa 恒压保压试验，保压时间 12～24h，前 6h 的压降不应超过 1%，温差不大于 5℃时，压降应小于

0.18MPa，其余时间应能保持压力稳定。系统压力试验通过后，可以对系统抽真空，抽真空时间长短视真空泵大小及管路长短、湿度大小而定。将系统抽真空，真空度达至 101kPa。

5.5 调试工作

包括单机调试、系统调试。

(1) 冷通道调试：调试背景灯、通道照明以及电磁阀时，连接完成后必须一一测试，每个部分都没问题后，进行联调。冷通道安装完成后，必须对移门、背景灯、通道照明以及电磁阀，进行联调，确保各个部分运行良好，无异常现象。封闭冷通道消防来源整体机房消防系统。消防主机就与封闭冷通道实现联动，以保防封闭冷通道在灭火之前开启。

(2) 配电柜调试：再次确认配电柜接线是否正确和牢固；确认所有断路器处于关闭状态；先合闸总输入断路器，然后依次合闸空调、照明灯和支路输出断路器。

(3) UPS 调试：确认所有的输入输出开关均处于断开状态；闭合旁路开关，闭合外置输入配电开关，系统开始初始化；监控启动后，机柜正前方液晶屏被点亮，观察液晶主页界面能量流表示的状态，同时注意液晶左侧的指示灯显示的状态，此刻系统整流器启动，整流指示灯呈闪烁；约 30s 后，整流器指示灯呈常亮，整流结束，旁路静态开关导通，逆变器启动，逆变器指示灯呈闪烁；逆变器运行正常后，UPS 从旁路供电状态切换到逆变器供电状态，旁路指示灯灭，逆变器指示灯和负载指示灯亮；闭合外部电池开关，电池指示灯灭，随后，UPS 给电池充电，UPS 进入正常模式运行，完成开机。

(4) 空调调试：

① 制冷功能

设置回风湿度在当前回风湿度范围内，设置回风温度在低于 T 环境 5℃ 以下。观察风机接触器是否正常吸合，风机是否反转，风机电流是否正常，相序保护报警，应调整相序后重新检测；观察加缩机接触器是否正常吸合，压缩机是否正常启动，三相电流是否平衡；感觉出风温度是否正常；观察室外轴流风机是否转动，电流值是否正常；检测系统高低压是否正常，在室内 20℃ 以上，R22 冷媒：低压在 0.4~0.55MPa，高压在 1.4MPa 以上；R410A 冷媒：低压在 0.8~1.0MPa，高压在 2.5MPa 以上；设置回风温度设置高于 T 环境 5℃ 以上，观察压缩机接触器是否断开。

② 加热功能

设置回风湿度在当前回风湿度范围内，设置回风温度高于 T 环境 5℃ 以上。观察电加热接触器是否正常吸合，工作电流是否正常；感觉出风温度是否正常；设置回风温度低于 T 环境 5℃ 以下，观察电加热接触器是否断开。

③ 除湿功能

设置回风湿度高于环境 10% 以上，观察压缩机，除湿电磁阀或除湿风机交流接触器是否均正常工作。

④ 加湿功能

设置回风温度在当前回风温度范围内，设置回风湿度低于环境 10% 以下。观察加湿接触器是否正常吸合，工作电流是否正常；观察进水电磁阀，排水电磁阀工作是否正常，不正常应查明原因；观察进水、排水是否顺畅；设置回风湿度高于环境 10% 以上，观察加湿接触器是否断开。

⑤ 动环调试：确认动环系统硬件设备线路连接，安装动环系统软件，根据项目中选配的设备配置动环软件；确定空调、配电、UPS、温湿度、漏水、烟感、门禁和视频摄像数据是否能在软件中正常采集和显示。数值超过设定阈值是否正常报警。

6 试运行

6.1 试运行方案

（1）人员保障措施：具有相应从业资格证书或具备专业背景并持有相关专业上岗证的人员方可参与设备的调试运行工作。

（2）制度保障措施：

① 设备人员进出

建立完善的审批变更手续。对设备建立相应的 ID 编号作为唯一标识。建立相应的知识库，如：记录设备的序列号、功率、电流、电压、电源数量、安装位置，明确管理单位或人员，并填写"设备进出登记表"。

外部人员经审批，身份核对无误后，进入授权区域，并填写"人员进出登记表"，进入机房后必须有内部人员全程陪同。进入机房人员不得携带任何易燃、易爆、腐蚀性、强电磁、辐射性和流体物质等对设备正常运作构成威胁的物品。如果有特殊必须带进禁止物品，需提前申请并说明原因和用途。

② 日常巡检

日常巡检要定时巡检，并记录相关的设施设备运行参数。

③ 备品备件管理制度

针对不同系统的设备应梳理设备的日常易损件，根据易损件清单和设备数量制定备品备件管理制度。

④ 作业施工管理制度

作业施工有相应的审批流程，施工过程中有人员跟进，确保作业施工的安全。

⑤ 应急处理

运维人员在巡检过程中如遇见设备报警、故障应进行应急处理，并根据事件的影响度启动相应的应急预案。

（3）应急处理措施：

① 通报：

应急处理划分相应的等级，按照不同的事件类型和级别进行相应通告。

② 流程表：

应急处理应制定的流程表，相应的事件按流程表进行下一步相应的操作流程。

③ 措施表：

详细记录执行的相应步骤措施，对应急处理采取的处理措施。

④ 总结分析：

详细描述事件发生时间、原因、造成的影响程度、处理步骤、恢复时间、过程分析以及后期预防和改进措施，形成事件报告。

（4）工具及备件措施：

① 对试运行所需有关工具和备件提前进行计划、采购并入库管理。

② 对试运行用的有关工具由相关专业参加试运行人员提前领出并熟悉使用方法，对试运行中出现的有关备品备件的需求在管理上充分满足及时供给，确保试运行的正常进行。

6.2 试运行工作内容

（1）试运行前准备工作内容：

① 完成机房的供配电、给水排水等基础条件工作，具体如下：

空调制冷系统是否单机试运行正常，系统是否具备试运行条件，空调制冷系统试运行环境是否满足要求，电能源供给是否到位。

消防报警系统和消防灭火系统设施是否准备到位。

机房空调冷凝水排水是否准备到位。

机房试运行电力能源是否准备到位，供配电系统包括与市电进线、UPS 供配电系统、通风空调动力供配电系统、照明供配电系统、检修调试供配电系统和智能监控管理配电系统相关的配电箱、输电线路是否准备到位。设备上电前，设备内的所有开关均应置于断开位置，所有设备的通断电状态都应有显示或标识，有关仪表、指示信号灯应显示正常。

② 完成系统运行日常操作、故障报警处理、应急处理、系统软硬维护和设备巡检等培训。

（2）试运行内容：

① 机柜系统

柜体门把锁、柜内照明。

② 供电系统

测试配电单元各断路器、接线端子承载能力是否符合设计要求并进行开断操作。

③ UPS 电源

测试 UPS 输入、输出、电流、电压、频率、谐波、后备时间、各种工作模式，如：静态旁路、维修旁路、电池供电等运行是否满足设计要求；UPS 设备运行状态信息是否在柜门显示屏上实时显示。

④ 空调通风

观察空调系统的各种工作模式，如：制冷、加湿、除湿等运行是否正常；洁净度是否符合机房要求；柜内基础环境检测传感器实时监测，并在柜门显示屏上显示；空调设备运行状态信息是否在柜门显示屏上实时显示。

⑤ 消防系统

观察消防灭火模块是否正常，消防报警及联动控制系统是否运行正常。

⑥布线系统：

是否符合《综合布线系统工程验收规范》（GB/T 50312—2016）。

⑦ 防雷接地系统

测试各点（主要）的防雷接地电阻值。检查各项指标是否符合《建筑物防雷设计规范》（GB 50057—2010）。

⑧ 机房监控及管理系统

测试检测系统运行是否正常、数据是否真实、报警值是否能正常触发。主要设备是否能检测到位如：UPS 系统、空调系统、消防系统等。

⑨ 试运行时间

为确保产品正式运行时稳定可靠，试运行时间应为 30d×24h/d。

（3）试运行日志试运行期间每日生成一份日常操作记录；不定期进行特别工作环境或特殊工况环境测试记录；每两日生成一份问题汇总（含问题处理记录）；出现重大问题（空调停止工作、UPS 无法逆变等）生成重大问题记录（含问题处理记录）；试运行结束对问题处理情况做统一汇总分析。

6.3 试运行发生异常记录与整改

本工程试运行中出现湿度告警，分析其原因是因为试运行阶段，用户上架的 IT 设备数量少，功耗远低于设计值，导致空调开机没多久就因为回风温度过低，压缩机停止运行，且机柜未安装设备的地方未用空白挡板进行封堵，造成冷通道内的冷空气直接穿过机柜到达空调回风口，造成冷气短路，后来用户增加了上架的 IT 设备数量，且未安装设备的地方全部安装好空白挡板，机房湿度得到控制。制定试运行报告，包含上述试运行所存在的问题和试运行问题的解决方案。

试运行确认报告（表 2-10）：

工程名称：××××密闭型微模块数据中心系统建设项目

项目编号：×××××××××××

表 2-10

建设方	××××××××××
施工方	××××××××××
试运行周期	从　年　月　日至　年　月　日为项目试运行阶段，该阶段已经完成。
试运行总结	（如发现的问题及解决方案等，另附页。） 机房设备、各子单位的系统平台在试运行期间运行正常。
监理方结论	（请对本阶段的工作完成情况、工程师工作态度等进行确认） 项目总监： 日期：　年　月　日
建设方结论	（请对本阶段的工作完成情况、工程师工作态度等进行确认） 项目负责人： 日期：　年　月　日

本表由施工方填报，经项目审查签认后，建设方、监理方、施工方各存一份。

7 验收及交付

7.1 验收成员

包括建设方、设计方、施工方、监理方、供货方、政府有关部门等人员。

7.2 验收成果资料

包括项目合同、施工图文件、项目预算、调试报告及试运行报告、培训及维保服务、竣工资料。

7.3 竣工资料

包括竣工验收报告、验收表格和监理总结报告。

7.3.1 竣工验收申请报告（表 2-11）：

工程名称：××××密闭型微模块数据中心系统建设项目

项目编号：×××××××××× 表 2-11

致：建设方 我公司承建的××××密闭型微模块数据中心系统建设项目已经按计划于 年 月 日合同内所规定的全部工程，零星未完工程及缺陷修复拟按申报计划实施，验收文件已准备就绪，现申请项目验收		
√合同项目完工验收 □阶段验收 □单位工程验收	验收工程名称、编码	申请验收时间
	××××密闭型微模块数据中心系统建设项目	年 月 日
附：试运行报告 施工方： 项目经理：（签名）		日期： 年 月 日
监理方意见： 监理方：（全称及盖章） 项目总监：（签名）		日期： 年 月 日
建设方意见： 建设方：（全称及盖章） 负责人：（签名）		日期： 年 月 日

本表由施工方填报，经项目审查签认后，建设方、监理方、施工方各存一份。

7.3.2 竣工验收报告组成

中标通知书、项目合同复印件、项目过程文档（开工报审、项目材料/配件/设备报审表、到货签收单、项目变更单报审表、隐蔽工程验收记录、项目试运行申请报告、试运行确认单、验收申请报告）、项目概述、项目实施文档［施工进度报告、施工方案图纸、项目施工方法（技术措施）施工流程说明］、质量保证技术措施、进度保证技术措施、安全保证技术措施、产品合格证及产品检测报告等材。

7.3.3 竣工验收流程

（1）施工方在项目完工后，应及时编制竣工图和竣工验收报告，并组织施工方内部人员，对项目进行验收，发现问题，及时整改；

（2）施工方自行验收合格后，在符合竣工验收条件后提出竣工验收申请，并附验收所需的相关资料。

（3）监理方审核竣工验收申请，经审核符合竣工验收条件后，由监理总监审核并向建设方汇报。

（4）竣工验收申请经建设方审核通过后，组成竣工验收小组。

（5）项目竣工验收小组成立后，在建设方、监理方及施工方的配合下对工程质量、进度、使用功能、外观、安全、环保等方面进行验收，对发现问题的地方，要求施工方按期整改；验收合格后出具竣工验收报告，并保留验收过程中的相关记录。

（6）竣工验收合格后，组建专家验收小组，召开专家验收会议，形成专家验收结论。

7.3.4 项目符合下列条件方可进行竣工验收

（1）完成工程设计和合同约定的各项内容；

（2）施工方在工程完工后对工程质量进行了检查，确认工程质量符合有关法律、法规及相关标准，符合设计文件及合同要求，并编制了竣工报告和自行验收报告；

（3）监理方对工程进行质量评估，具有完整的监理资料，并提出工程质量评估报告；

（4）有完整的技术档案和施工管理资料；

（5）有工程使用的主要物料、构配件和设备的进场试验报告；

（6）有施工方签署的工程质量保证书；

（7）工程实施过程中出现的问题已全部整改完毕；

（8）施工方的安全、环境保护、消防、防雷等评价报告。

7.4 设备移交清单

包括设备名称、型号、数量、合格证、说明书、安装位置、软件名称、软件版本。

7.5 竣工结算书

包括竣工图和变更洽商文件。

7.6 机房认证检测

一般机房的检测方应具备中国合格评定国家认可委员会（CNAS）和中国计量认证（CMA）证书。重要机房的检测方宜具备质量监督检验机构认证（CAL）证书。

7.7 认证测试范围及内容要求

（1）认证测试范围

包括机柜、供配电、UPS、空调通风、安防、通信、消防、防雷及接地、环境和设备监控等系统。

（2）认证测试内容

包括机房温湿度、噪声、洁净度、照度、无线电干扰场强、磁场干扰场强、静电防护、静电电压、防雷接地、UPS输出电源质量、市电电源质量、环境和设备监控系统功能和性能。

7.8 认证检测报告

包括项目信息、检测内容、检测结果。

7.9 认证确认及归档

建设方、设计方、监理方和施工方应对竣工资料进行书面确认并归档。

（1）项目工程概况介绍及完成情况。

（2）施工单位在工程完工后对工程施工质量进行检查，检查工程施工质量符合法律法规及工程建设强制性标准情况、履行设计文件和合同要求情况；提出工程竣工报告，并经项目经理和施工单位有关负责人审核签字。

（3）设计单位质量检查报告：设计单位对设计文件和设计变更通知书进行检查，提出质量检查报告并经设计负责人及单位有关负责人审核签字。

（4）验收表。

（5）监理总结报告：监理单位工程质量评估报告，由监理单位对工程施工质量进行评估，并经总监理工程师和有关负责人审核签字。

（6）设备移交清单的细项。

8 技术培训

8.1 培训计划

根据模块化微型数据中心的运行、维护和管理需求提出培训申请，制定详细的培训计划,并明确要达成的培训目标。

(1) 培训目标

包含如下内容:掌握模块化微型单机柜机房基础设施(含软件、硬件、网络和设备等)运行、维护和管理的关键要求;掌握动力设备的节能原理与运维效益量化的思路;掌握管理软件的应用层次与提升应用水平的途径,实现安全运行、节能与运维效益的多重保障;掌握机房基础设施评测的关键要素和预防、发现及消除系统隐患的技术手段与管理措施;掌握安全工作管理方法,强化安全意识,加强安全保障,确保数据中心安全运行;了解网络能源技术发展现状和发展趋势,实现数据中心可持续发展。

(2) 培训人员

由设备厂商有相关经验的技术专家担任。受训人员主要为机房的运行、维护和管理等职责相关的人员(包括第三方代维公司人员),需要具有机房相关专业的工作经验,建议具备机房相关专业的专科及以上学历。

(3) 培训内容包括:

① 单机柜数据机房基础设施相关系统的工作原理、设备结构、系统架构等理论培训。

② 单机柜数据机房基础设施相关设备操作规程、现场操作方法、设备维护保养、设备安装调试、设备运行参数调整、设备故障排除、事故应急措施等实操培训。

③ 单机柜数据机房运维管理应急处理的模拟,运行能耗模拟培训,运维管理的制度和流程等内容。

(4) 实操培训计划书(表 2-12)

实操培训计划书

表 2-12

培训项目	培训纲要	培训要点
实际操作	设备的实际操作	设备的系统实际操作和维护保养操作
		如何进行零件的拆装如何排除故障等进行指导和演示
		针对所供设备,具体介绍电气及机械性能及试验方法、维修中常见故障及处理方法
维护保养	设备的维护保养操作	设备结构系统及控制系统的操作、维修保养

8.2 培训报告

培训报告的内容包括但不限于回顾原定的培训计划,记录培训人员、培训时间、培训方式、培训内容、培训过程和要点,记录考核成绩,并给出明确的培训目标达成情况及后续培训的优化建议。

培训考核表

表 2-13

日期			地点	√□内训				□外训
课程			时数			讲师		
内容								
应参加人数			人	实参加人数				人
姓名	出勤状况					考核成绩					
	迟到	早退	请假	旷工	正常	课前测试 10 分	随堂测试 10 分	口头测试 10 分	结训测试 50 分	操作 20 分	合计

9 运行维护

9.1 运营维护制度

9.1.1 运维管理制度

（1）人员运维管理制度；

（2）人员考勤管理制度；

（3）绩效管理制度；

（4）安全运行奖惩制；

（5）人员行为规范管理制度；

（6）人员培训管理制度；

（7）人才储备管理制度；

（8）人员晋升管理制度。

9.1.2 设备运维管理制度

（1）设备设施维护巡检管理制度；

（2）供配电系统维护巡检管理制度；

（3）空调系统维护巡检管理制度：制冷系统包括室外冷水机组以及室内机房精密空调。是针对现代电子设备机房设计的专用制冷系统，它的工作精度和可靠性较高；

（4）环控系统维护巡检管理制度：环控系统是对监控范围内的配电系统、空调系统和系统内的各个设备进行遥测、遥信，实时监视系统和设备的运行状态，记录和处理相关数据，及时侦测故障，通知人员处理，并按照上级的要求提供相应的数据与报表；

（5）安防系统维护巡检管理制度；

（6）消防灭火系统维护巡检管理制度；

（7）基础设施故障处理管理制度；

（8）机房基础设施应急响应预案；

（9）运行管理与措施：

① 巡检管理制度；

② 工作相关管理制度。

9.1.3 运维流程与措施

（1）运维流程：①拟定巡检计划。②安排巡检人员。③准备巡检所需相关仪器工具。④对机房内各系统设备设施巡检。⑤记录人员记录相并参数。⑥整理汇总相关数据并进行分析，进行预防性和预测性维护。⑦对相关记录存档。

（2）措施：①日常性巡检维护。②巡检记录表的存档。③备品备件准备；④相关设备厂商应及联系方式的存档。⑤各系统应急处理方案。⑥应急模拟演练、实战演练。

9.2 运维范围

包括机房环境、装饰装修、配电设施、精密空调、UPS、动环监控、服务器机柜、综合布线、系统软件、系统硬件。

9.3 维护保养

包括下列内容：

（1）根据运维合同约定制定维护保养方案。

（2）方案应包含主要合同要求的种类、设备数量、保养时间等关键信息。

（3）日常维护：对机房内配电、UPS、空调、消防、动环监控、装饰照明等系统中需要记录的参数例行维护并记录相关参数。

（4）预防性维护：在日常维护的前提下，可定期对机房内易损设备、硬件进行备货、检修、提前更换，以确保机房设备的安全运行。

（5）预测性维护：在对长期运维维护数据分析的基础上，对设备的运行状态、可能出现的故障情形、可能出现的风险情况进行预判，提前拟定好应急处理预案、准备好备品备件应对突发情况。

（6）记录各类设备运行参数，并形成详细记录表单，根据运行维护记录，分析并优化运行方案。

9.4 故障维修

包括质保期、保修期内和保修期外的维修。

（1）质保期内：质保期内设备故障维修由原设备供应商根据合同约定质保年限提供质保服务。

（2）保修期内：保修期内设备故障维修由原设备供应商提供设备保修服务，可双方协商收取一定金额服务费用。

（3）保修期外维修：过保修期的设备维修服务可采用市场化单次服务报价或重新签订维保服务方式的办法来解决。

9.5 自评或测评

日常运维期间要求检查消防监控主机、消防报警主机运行状态；检查机房内温感、烟感传感器状态；检查消防气体钢瓶压力；检查防雷接地装置是否完好；定期邀请第三方单位进行防雷接地检测；定期进行消防演练。

10 监控与管理

10.1 本地监控和操作内容

10.1.1 配电监测

（1）实现对配电系统工作运行状态的监控管理。

（2）监测功能：三相电量参数（电压、电流、三相有功功率、频率、功率因数、无功功率、视在功率、有功电度、无功电度等）和断路器状态。

（3）实时显示三相电压、三相电流、有功功率、无功功率、视在功率、功率因数、频率、电度等多项电能参数。

（4）IT 配电支路的电流、电能、开关状态、负载率等检测；电能按月、按年统计。

（5）接入动环监控系统。

（6）对超过设定峰值的状况提出报警提示。

（7）能对异常状况提供远程报警，接入动环监控系统。

10.1.2 精密空调监控

（1）可实时、全面诊断空调运行状况，监控空调各部件的运行状态和参数。

（2）可在系统上通过软件或通过动环监控系统修改空调设置参数（温度、湿度、温度上下限、湿度上下限等），实现空调的远程开关机。

（3）对异常情况，提供远程报警，接入动环监控系统。

（4）监控系统可实时监控空调的状态。

10.1.3 UPS 监控

（1）实现对 UPS 系统工作运行状态的监控管理。

（2）监测功能：UPS 主机输入、输出、旁路；模块输入、输出三相电量参数（电压、电流、三相有功功率、频率、功率因数、无功功率、视在功率、有功电度、无功电度等）的状态。实时显示三相电压、三相电流、有功功率、无功功率、视在功率、功率因数、频率、电度等多项电能参数、电池的续航时间的监测。

10.1.4 温湿度传感器监控

（1）实现对微模块内核心设备工作状态的监控。

（2）通过在微模块均匀布设温湿度传感器，可以全方位、即时的了解微模块制冷系统的有效性。

（3）实现对重要机柜温湿度和重要设备温湿度的有效监测。

（4）温湿度传感器可通过各类接口采用总线方式将温湿度信号发送至现场监控主设备。

（5）当检测值到异常状态时，提供远程报警，接入动环监控系统。

10.1.5 漏水监测监控

（1）对微模块内水浸进行监测。

（2）当检测值到异常状态时，提供远程报警，接入动环监控系统。

10.1.6 烟雾传感器监控

（1）实现对封闭冷通道内烟雾监测。

（2）灵敏度和响应时间：当烟雾浓度为 $0.1mg/m^3$ 时，传感器灵敏度为 I 级，响应时间≤15s，干接点告警输出。

10.2 远程监控和操作内容

10.2.1 配电柜监测

监测内容：监测主开关及所有输出开关的开关状态；输入三相全电量参数（总电压、电流、功率、频率、功率因素、电度等）；每只输出开关的电流。

10.2.2 UPS 监测

监测内容：输入电压、输入电流、输入频率、负载电压、负载电流、负载频率、旁路电压、旁路电流、旁路频率、逆变器电压、逆变器电流、逆变器频率、各相有功功率、标称功率、视在功率、负载率、电池备份时间等。

10.2.3 精密空调监测

监测部分：温度、湿度、温度设定值、湿度设定值、空调运行状态、风机运转状态、压缩机运行状态、加热器加热状态、加湿器加湿状态、压缩机高压报警、风机过载、除湿器溢水、加热器故障、气流动故障、过滤器堵塞、制冷失效、加湿电源故障、压缩机低压报警、压缩机高压报警等。

控制部分：空调的远程开机、关机，空调的温、湿度的远程设置。

10.2.4 温湿度监测

监测对象：实现对机房全环境进行温湿度的精确监测。

监测内容：①实时温度信号；②实时湿度信号。

10.2.5 漏水监测

监测内容：机房内主要用水设备的漏水情况进行实时监控，系统采用绳式能实时显示并记录漏水线缆感应到的漏水状态，系统本身的维护状态以及本身的故障状态。

10.2.6 消防监测

监测内容：火灾报警与灭火信号。

10.3 数据分析

10.3.1 配电监控数据的展示、分析和管理

10.3.2 UPS 监控数据的展示、分析和管理

10.3.3 精密空调监控数据的展示、分析和管理

10.3.4 温湿度监控数据的展示、分析和管理

10.3.5 漏水监控数据的展示、分析和管理

10.3.6 消防监控数据的展示、分析和管理

10.4 运维安全

包括应用安全、系统安全和数据安全（安全措施的具体案例）。

案例三：模块化微型数据机房建设案例（双排机柜）

1 项目概况

（1）本设计内容仅为位于2层305房间的模块化微信数据机房设计，该房间建筑面积110 ㎡。

（2）建设形式：微模块封闭冷通道。

（3）机房机柜平面布置示意图见图 3-1。

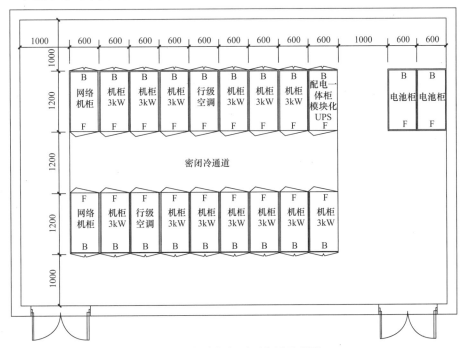

图 3-1 机房机柜平面布置示意图

2 规划设计

2.1 建设总目标

机房等级和建设投资参考 MMDC 等级分类表中Ⅰ级标准；

2.1.1 建设内容

包括机柜及封闭冷通道系统、供配电系统、机房装修装饰、空调系统、消防报警及灭火系统、环境和设备监控、机房防雷及接地系统等；

2.1.2 建设周期、运维模式及节能指标

计划建设周期为 3 个月，其中，施工周期 15d；运行维护采用维护自管模式；EEUE 值≤1.6。

2.1.3 具体目标见表 3-1

具体目标

表 3-1

序号	名称	主要技术参数	备注
1	高安全可靠性	为保证数据机房能为用户提供连续不间断的 7×24h 服务，数据机房必须具有高可靠性。在设计系统时应注意尽量减少单点故障的存在，对存在单点故障的环节，在设计上必须减少其对整个系统的影响	
2	可扩展性	鉴于信息网络系统需求的不断发展与变化，技术也在不断提高，故在施工建设时应考虑这些变化对资源需求的改变，以使整个系统具有灵活的可扩展性，特别是空调、配电开关及配电柜、UPS 及供电母线等	
3	易于管理性	通过使用先进和可靠的管理工具来实现系统的高质量管理，以节约人力资源。由于机房内设备繁多，具有一定复杂性，随着业务的不断发展，管理的任务必定会日益繁重。所以在中心机房的设计时，必须建立一套完善的机房管理和监控系统。实时监控、监测整个数据机房的运行状况、语音报警，实时事件记录，可以迅速确定故障，提高可靠性，简化机房管理人员的维护工作	
4	高性能价格比	机房的材料产品、设备的选型应该以适用为主，合理选择材料与设备，不要造成资源浪费，同时也要保证该机房的高可靠性。应以较高的性能价格比设计机房，能以较低的成本、较少的人员投入来维持系统运转，提供高效能与高效益	

2.2 需求分析报告

2.2.1 确认建设等级

根据贵单位的机房内各类计算机设备对机房环境的技术指标和质量要求，采用 MMDC 等级分类表中Ⅰ级标准设计和施工。

2.2.2 机房现状、需求及设计依据

（1）机房总面积约 110m²，由中心机房和配电室组成；中心机房 13 台 IT 设备柜、2 台网络布线柜，1 台精密型 UPS 综合一体柜组成，每台 IT 设备柜按 3kW 估算。

（2）建筑结构条件、设备运输通道、配套设施条件、工作人员办公条件满足施工要求。

2.2.3 机房质量要求

（1）机房在场地、防雷、防火、配电、温湿度、防静电等方面应达到标准要求；

（2）装修建设应满足机房防尘、防潮、抗静电等机房环境需求；

（3）供配电系统建设应满足机房高质量、持续、稳定供电需求；

（4）空调系统建设应满足机房温度调节需求；

（5）环境和设备监控系统建设应满足机房视频监控、报警、门禁、防雷接地、消防灭火等物理安全需求；满足机房环境、设备运行情况监控需求；

（6）综合布线系统应满足机房内服务器、网络设备安全运行和有效管理需求。

2.2.4 项目资金来源

财政统筹，项目金额为×××万元。

2.3 项目立项和规划方案

用户自筹资金重新建设新的信息中心核心机房。新机房要求满足现代机房快速建设、功能齐全、灵活扩展、方便管理的需求，建设一个标准化机房。

2.4 方案设计

包括总体概述，平面布局、系统设计和专业界面，设备选型（设备参数和品牌档次），替代方案，进度计划。

2.4.1 机房面积及系统组成

（1）主机房：面积约 $80m^2$，负责放置服务器、小型机、存储、核心交换机设备、配线架、精密空调、UPS 主机等设备。

由 13 台 IT 设备柜、2 台网络布线柜、1 台精密型 UPS 综合一体柜（柜内集成 ATS、UPS 功率模块、市电/UPS 负载）、2 台 40kW 行间级空调组成一个封闭双列冷通道。

（2）配电室：面积约 $30m^2$，负责放置电池等设备。

2.4.2 系统组成（表 3-2）

系统组成 表 3-2

序号	项目名称	数量	单位	品牌	备注
1	机柜（冷通道）	1	套	国优品牌	详见详单和技术参数
2	空调系统	2	套	国优品牌	详见详单和技术参数
3	供配电、UPS	1	套	国优品牌	详见详单和技术参数
4	环境和设备监控	1	套	国优品牌	详见详单和技术参数
5	防雷及接地	1	套	国优品牌	详见详单和技术参数
6	消防系统	1	套	国优品牌	详见详单和技术参数
7	其他及安装调试、迁移集成等	1	批		详见详单和技术参数

2.4.3 进度计划

规划设计及招标 1 个月、项目实施及验收 2 个月。

2.5 投资经济分析

包括运营模式分析，明确自用、租赁、代建或其他运营模式；TCO 分析，明确建设投资费用和运营管理费用规模；ROI 分析，明确回报率。

2.6 建设投资控制分析

包括按照估算、概算、预算、结算各阶段设置目标和要求。明确项目建设的资金来源和资金支付计划。

2.7 运营管理费用控制分析

包括日常管理、维护保养的人员费用；备品备件、易耗品的材料费用；场地费用及水、电、通信产生的运行费用；贷款利息、服务费、设备折旧的财务费用。明确运营管理费用的支付计划。

3 采购及招标

3.1 采购及招标阶段

包括项目的招标、澄清、投标、评标、竞争性洽谈、定标、公示、中标及签约。根据设计文件编制招标文件，包括商务条款、技术条款及投标文件组成要求，并明确招标方式。

3.2 通用商务条款

3.2.1 投标单位资格要求

（1）符合《中华人民共和国政府采购法》第 22 条的一般资格条件的规定；

（2）投标人具有合法有效的企业营业执照；

（3）投标人须具有合法有效的 ISO 14001、ISO 9001 体系认证；

（4）投标人至少提供 3 份×××年至今的类似案例证明文件复印件，并加盖公章确认；

（5）本项目不接受联合体投标。

3.2.2 投标文件组成及封装要求

投标文件由商务资信投标文件和技术投标文件两部分组成。以上两种文件必须分别封装并分别在封装物上注明"商务资信投标文件"和"技术投标文件"字样。若出现文件混装或在"技术投标文件"中出现投标总价，将作为无效的投标处理。

3.2.3 商务资信投标文件组成

（1）投标函；

（2）开标一览表；

（3）××市政府采购诚信竞投承诺书；

（4）法定代表人授权书原件及授权代表的身份证复印件；

（5）企业法人营业执照副本复印件、纳税证明、社保缴纳证明资料；

（6）投标人相关资质证书；

（7）商务条款响应表；

（8）同类项目的销售业绩表及合同复印件；

（9）其他说明和资料。

3.2.4 技术投标文件组成

（1）技术规格偏离表，请根据招标要求和投标产品详细罗列；

（2）设备的主要技术、性能、特点等详细描述；

（3）投标产品相关资质证明；

（4）项目实施技术方案书；

（5）项目培训计划书；

（6）项目售后服务承诺书及售后服务点、售后技术人员的情况介绍；

（7）项目实施团队人员名单及相关资质证书；

（8）项目优化建议书；

（9）其他说明和资料。

3.3 通用技术条款

3.4 投标文件范本

包括对系统范围、系统架构、施工界面、工艺要求、产品规格、设备清单、服务要求、资料文档的实质性响应说明。（只写有技术特色的部分，其他可表示符合招标文件要求）

投标产品清单及技术要求（表 3-3）

投标产品清单及技术要求 表 3-3

系统名称	序号	产品	要求描述	单位	数量	推荐品牌
机柜	1	IT 设备柜	600×1200（框架）×2000（mm），标准 19in（约 48.3cm），柜内安装容量42U；整个柜体承重≥1500kg，抗震烈度≥7 级； 优质冷轧钢板（SPCC），角规/底安装梁/框架≥2.0mm，顶板≥1.5mm，其他≥1.2mm；前门单开高密度网孔门，开孔率70％以上，后门双开高密度网孔门，开孔率70％以上	台	15	
	2	封闭天窗	适用于 1200mm 通道，600mm 宽模块化柜体；翻转天窗支持消防联动，接到消防告警 0.5s 内自动开启，开启角度＞85°	套	7	
			固定天窗，适用于 1200mm 通道、600mm 宽模块化柜体；天窗采用优质冷轧钢板，SPCC＝1.2mm，可安装固定摄像头、红外探测器	套	2	
	3	封闭移门	双开电动平移门，用于 1200mm 宽双列冷通道 1200mm 深柜体两端；门体采用无框钢化玻璃门（12mm 覆膜），双开联动平移方式，自带防夹功能	套	2	
	4	冷通道控制单元	1U 控制单元，集成电路，用于控制温感、烟感监测显示，485 通信接口，带 10 寸液晶触摸屏	套	1	
空调	5	行间级精密空调	每个空调总冷量≥40kW；智能控制实现网络管理、实时容量监控、预测性故障通知和机柜进风温度控制；制冷剂类型：R410A；含 30m 内的铜管及冷凝剂	台	2	
UPS 及供配电系统	6	机架式 UPS	三进 40kVA 功率模块，三进三出，支持并机，共用电池，直流电压：±192～±240V DC，通信接口 RS232、RS485，高度 3U	台	1	
	7	精密型 UPS 综合一体柜	配备双电源开关：1 路 160A/4P；显示屏：1 块 10in（约 25.4cm）显示屏；具备精密检测主路以及各支路主要电气参数功能；端接类型：UK 端子，采用国际知名品牌；进线方式：上进线或下进线；与机架式 UPS 有效集成；柜体与冷通道 IT 柜外观保持一致	台	1	
	8	电池	铅酸电池，12V，150Ah，后备时间大于 60min	节	40	
	9	电池柜	每台电池柜装 40 节电池；包含电池间连接线及直流空开	台	1	
	10	PDU	输入 32A，输出 18 位	个	28	

续表

系统名称	序号	产品	要求描述	单位	数量	推荐品牌
环境与设备监控系统	11	机房监控系统	采用 B/S 架构和最新 HTML5＋Ajax＋Websocket 技术，建立可扩充的整体平台，实现多套动环监控系统的联网集中管控，支持 IE 浏览器远程管理； 支持大屏模式、列表模式、地图模式对多个节点集中监控，大屏模式将机房视图、地区机房统计、机房实时数据、实时告警、机房健康统计、定时自动巡视机房等以动态方式全屏集中展现； 系统实时监控（UPS、空调、供配电、温湿度、烟感、漏水）等设备，采用 HTML5 技术，动态图表的方式实时显示监测数据，同时支持新设备的组态添加； 系统实时显示不同的设备的告警信息，提供多种报警方式（短信、声光、邮件等），支持 4 级报警级别设置； 系统对用户进行权限管理、菜单和动环设备组态管理、网络 IP 地址管理、报表管理、历史数据查询、Excel 格式报表下载等功能；系统保存 1 年的历史数据，包括设备监测数据、告警数据、操作日志等，用户可在时间段内查询所有历史数据； 具备视频监控功能，可根据需求分配管理员对每个视频监控设备的远程访问权限； 具备门禁管理功能，可根据需求分配每个管理员对每个门禁的远程开门权限，可实时采集每个出入口的进出资料； 系统具备自守护功能，实现网络、数据库和系统异常的主动发现和重置恢复	套	1	
	12	短信报警系统	平台一旦检测到参数值越限、设备故障等，可通过短信报警提醒管理人员及时处理	套	1	
	13	系统软件模块	支持机房 UPS、精密配电柜、配电柜、漏水、温湿度采集器、视频监控系统、门禁监控系统接入	套	1	
	14	前端采集设备	漏水、温湿度采集器、视频监控系统、门禁监控等相关采集、传输、处理、存储等设备	套	1	
	15	专业监控主机	标准机架式安装，采用嵌入式系统，内置 10/100M 网络交换模块，内置短信报警模块，基于 ARM Cortex 四核、主频 1.5GHz 的 CPU，存储器具有 1G 内存，8G Flash；设备前端具有 1 个电源指示灯、一个短信 SIM 卡槽；为前端采集设备提供电源及通信采集端口。提供远程管理，满足冷通道内多套温湿度、水浸监控、烟感、空调、配电、UPS 设备的监控管理，提供短信、邮件、声光等多元化报警；支持远程网页实时数据查看、历史数据查询和下载、系统参数设置管理等。 支持与触摸屏对接，实现在本地触摸屏实时查看温湿度、水浸、烟感、空调、配电、UPS 等设备的实时监控数据	套	1	
消防系统	16	灭火控制器	可控制两个区域，自带 255 点报警联动功能，带打印机，含主备电	套	1	
	17	七氟丙烷柜式瓶组	含电磁阀、信号反馈器、软管、喷头等	套	3	
	18	七氟丙烷药剂	七氟丙烷	公斤	300	主机房 210，电池间 90
	19	辅件	感烟探测器、感温探测器、放气指示灯、声光报警器、紧急启停按钮、输入输出模块、管线等	批	1	
其他系统	20	……	……			

3.5 技术、商务、报价分值评分标准表

3.6 评标、中标和签约的组织和过程纪要

3.7 设计目标和节能指标要求

符合国家标准《数据中心基础设施施工及验收规范》（GB 50462—2015）相关质量内容。

4 进场与设备验收

4.1 完善技术文件

结合招标文件、设计文件、现场条件及产品特征完善设计文件，形成技术详细（交底）方案，包括技术文件、施工组织方案并提交建设方、监理方审核。

4.1.1 施工进度计划表（表 3-4）

施工进度计划表 表 3-4

序号	阶段名称	完成时间
1	设备订货及到货	7d
2	实施现场情况调查	10d
3	制定详细实施方案	5d
4	实施前技术培训	2d
5	设备验收	2d
6	冷池系统、制冷系统施工	5d
7	UPS供电、布线施工	5d
8	防雷接地、消防施工	5d
9	动环、管理矩阵施工	6d
10	系统试运行	7d
11	系统联调	1d
12	系统验收	1d
13	系统归档	2d

4.1.2 施工组织（管理机构、责任、具体人员）（表 3-5）

施工组织 表 3-5

姓名	本项目拟任岗位	联系电话	单位
肖××	总负责	189××××××××	
潘××	项目经理	181××××××××	
吴××	现场经理	188××××××××	
詹××	安装资料员	188××××××××	
苏××	安装质检员	157××××××××	
文××	安装安全员	157××××××××	
肖××	安装材料员	135××××××××	

4.1.3 施工人员相关证书

项目经理证书、电工证等。

4.1.4 劳动力安排、施工机具安排（表 3-6）

劳动力安排、施工机具安排 表 3-6

工种	按工程施工阶段投入劳动力情况		
	总工日（工）	日用工（工）	开工第 1～50d
泥瓦工	5	2	
普工	40	4	
木工	10	2	
电焊工	30	1	
电工	50	4	
油漆工	10	2	
架子工	8	1	
系统技术员	24	1～2	

4.1.5 项目施工所需器械表（表 3-7）

项目施工所需器械表 表 3-7

序号	机械或设备名称	序号	机械或设备名称
1	砂轮机	12	冲击钻
2	电动圆锯	13	大号手电钻
3	电动线锯	14	小号手电钻
4	手提电动砂轮机	15	开槽机
5	气泵	16	电焊机
6	电动自动螺钉钻	17	电锤
7	液压钳	18	万用表
8	液压开孔器	19	接地电阻测试仪
9	测线仪	20	工程车
10	打线工具	21	云石切割机
11	绝缘电测量仪		

4.1.6 项目施工方案图纸

平面布局图、承重散力支架施工图、接地施工图、消防报警施工图、综合布线施工图、电气管线图。

4.1.7 项目施工方法（技术措施）施工流程说明

静电地板施工工艺、玻璃隔断施工工艺、涂料施工工艺、门窗安装施工工艺、电气工程施工工艺、UPS 施工工艺、精密空调施工工艺。表 3-8 重点介绍电气工程施工工艺要求：

电气工程施工工艺要求 表 3-8

序号	名称	主要内容	备注
1	配管、配线工艺要求	本工程主干线穿管、沿桥架敷设等几种形式，施工前应熟悉本专业及相关专业图纸。确定管线标高及走向。严格按照电气装置安装工程施工及验收规范有关规定进行。配管管径在 DN50 及以下，一律丝扣连接，严禁焊接。接地处和接线盒位置作好接地跨接线。管口光滑并带护圈	

续表

序号	名称	主要内容	备注
2	桥架安装工艺要求	施工前熟悉本专业及相关专业图纸，确定最终走向，根据现场实际情况考虑支架。三通弯头等处应适当加固。安装支架时必须测量准确标高。等支架安装完成完并刷好油漆后方可进行桥架安装。该工程所用桥架为热镀锌，安装时严禁气割，必须用曲线锯或切割机进行割割，用电钻钻孔。桥架安装允许水平偏差在 2mm/m 以内。同时合理利用桥架配件，确保安装后外观质量优良，桥架两段间用铜编织线可靠连接，确保接地可靠	
3	电缆敷设工艺要求	电缆在桥架内敷设应用尼龙扎带绑扎牢固，并排列整齐。敷设时应尽量避免相互交叉。转弯处，电缆弯曲半径必须大于或等于电缆外径的十倍	
4	配电箱工艺要求	应安装牢固、清洁整齐，安装位置应严格按设计确定，同室安装水平方向应平直，偏差在 5mm 以内	
5	灯具、开关、插座的规格型号工艺要求	暗开关、暗插座的安装必须横平竖直，其面板必须安装牢固，紧贴墙面。照明装置的接线必须牢固，接触良好。需接地或接零的灯具、插座开关的金属外壳，应由接地螺栓连接。三相插座和单相三眼插座安装时，应按插座上所标的相线、零线和接地线安装，如未标明，一般右边为相线，接地线在上方。安装开关时，应注意线端记号，电源应进开关，零线应进灯具，使开关断开后灯具上不带电	
6	传感器安装工艺要求	传感器安装应牢固、整洁、美观，位置和高度符合设计要求	
7	低压配电箱、柜、盘工艺要求	低压配电箱、柜、盘的安装应横平、竖直、整齐、牢固。基础安装后，基础型钢应有明显的可靠接地。接线完毕后，应清扫配电箱内的杂物和擦除污垢，并应将熔丝拆下，妥善保管，待正式送电前测定好绝缘电阻后方可装上。电缆敷设前必须检查型号、电压等级、截面、合格证等与设计是否相符，有无损伤，并进行绝缘试验，合格后方可使用。电缆终端头应固定牢靠，相序正确，标志清晰。电缆的试耐压试验，泄漏电流和绝缘电阻必须符合施工规范的要求	
8	接地及防雷装置工艺要求	接地及防雷装置，电气设备的金属外壳应采取接地保护。接地干线至少应在不同的两点与接地网相连，自然接地体至少应在不同的两个点与接地干线或接地网相连。电气设备的每个接地部分应与单独的接地干线相连，不得在接地线中串接几个电气设备。不得利用金属软管、管道保温层的金属外皮或金属网及电缆金属保护层做接地线。避雷网、带及其接地装置、应采取自上而下的施工程序。首先安装集中接地装置，后安装引下线，最后安装接闪器	

4.1.8 质量保证技术措施

施工过程中的质量控制主要内容包括

表 3-9

序号	名称	主要内容	备注
1	技术交底	进行施工的技术交底，监督按照设计图纸和现行规范、规程施工	
2	施工质量检查和验收	为保证施工质量，必须坚持质量检查与验收制度，加强对施工过程各个环节的质量检查。对已完成的分部、分项工程，特别是隐蔽工程进行验收，达不到合格的工程绝对不放过，该返工必须返工，不留隐患，这是质量控制的关键环节	
3	质量分析	通过对工程质量的检验，获得大量反映质量状况的数据，采用质量管理统计方法对这些数据进行分析，找出产生质量缺陷的各种原因。质量检查验收终究是事后进行，及时发现问题，事故已经发生，浪费已经造成。因此，质量管理工作应进行在事故发生之前，防患于未然	
4	实施文明施工	按施工组织设计的要求和施工程序进行施工，做好施工准备，搞好现场的平面布置与管理，保持现场的施工秩序和整齐清洁。这也是保证和提高工程质量的重要环节	

4.1.9 进度保证技术措施

为了实施施工进度计划，在总进度计划的控制下，结合现场施工条件，在开工前和施工过程中不断地编制月、周的作业计划，使施工计划更具体，切实可行，在计划中明确本计划期应完成的任务、所需要的各种资源量，现场的一切施工活动，都必须围绕保证计划的完成而进行。在项目施工进度计划执行过程中，必须做好施工记录，记载计划实施中的每项任务开始日期、进度情况和完成日期，及时准确的提供施工活动的各种资料，反映施工中的薄弱环节，为项目进度检查分析提供信息。

4.1.10 安全保证技术措施

设定安全目标，项目经理部将夯实安全基础工作，加强施工人员的安全意识教育，把安全放在首位，当施工进度、效益与安全发生矛盾时，无条件地服从安全第一的原则，确保安全。安全生产重在预防，关键在投入。项目经理部在施工生产活动中将切实搞好安全隐患预防和预控，配合必要的防护设备，应用安全系统工程将安全隐患消灭在萌芽状态。

4.2 建筑现场条件

包括建筑、结构、机电、环境、施工安全等专业是否符合进场要求。

4.3 施工申请报告

报告附件包括技术文件、施工组织方案；提供主要设备及材料到货清单、合格证、检测报告；现场条件满足设备的运输、装卸、仓储条件。

（1）提交开工申请表（表 3-10）

工程名称：××××数据中心系统建设项目

项目编号：××××××××××

表 3-10

致：建设方
我方承担的××××数据中心系统建设项目工程，已完成了以下各项工作，具备了开工条件，特此申请施工，请核查并签发开工指令。 1. 施工组织设计已审查，现场管理人员已到位，专职管理人员和特种作业人员已取得资格证、上岗证； 2. 施工图纸； 3. 项目实施方案； 4. 施工现场质量管理检查记录已经检查认可； 5. 进场道路及水、电、通信等已满足开工要求； 6. 质量、安全、技术管理制度已建立、组织机构已落实。 附件： 1. 开工报告； 2. 实施方案及相关材料。 项目经理： 　　　　　　　　　　　　　　　　　　　　　　　　　年　月　日
监理方意见： 监理总监： 　　　　　　　　　　　　　　　　　　　　　　　　　年　月　日
建设方意见： 建设方项目负责人： 　　　　　　　　　　　　　　　　　　　　　年　月　日

本表由施工方填报，经项目审查签认后，建设方、监理方、施工方各存一份。

（2）提交工程材料/配件/设备报审表（表 3-11）

工程名称：××××数据中心系统建设项目

项目编号：××××××××××　　　　　　　　　　　　　　　表 3-11

致：建设方
我方于××××年××月××日进场的工程、材料、构件、设备数量如下（设备签收单）。
现将质量证明文件及自检结果报上，拟用于下述部位：机柜、供配电、UPS、空调、安防、消防、通信、防雷及接地、环境和设备监控系统的使用和维护等；
请予以审查。
附件：
1. 设备签收清单；
2. 质量证明文件（合格证、检验报告）；
3. 进场验收表。
项目经理：　　　　　　　　　　　　　　　　　　　　　　　　　　　年　月　日
监理方意见：经检查上述工程材料、构配件、设备，符合/不符合设计文件和规范的要求，准许/不准许进场，同意/不同意使用于拟定部位。
监理总监：　　　　　　　　　　　　　　　　　　　　　　　　　　　年　月　日
建设方审查意见：经检查上述工程材料、构配件、设备，符合/不符合设计文件和规范的要求，准许/不准许进场，同意/不同意使用于拟定部位。
建设方项目负责人：　　　　　　　　　　　　　　　　　　　　　　　年　月　日

本表由施工方填报，经项目审查签认后，建设方、监理方、施工方各存一份。

5　安装调试

5.1　环境条件

应满足空调、UPS、配电等设备安装及开机要求；

5.2　隐蔽工程检验

重点对隐蔽工程进行查验。

审核隐蔽工程验收记录（表 3-12）

工程名称：××××数据中心系统建设项目

项目编号：××××××××××　　　　　　　　　　　　　　　表 3-12

施工方	×××××公司	结构类型	
隐检项目	接地工程	检查日期	××××××
检查部位	封闭式金属桥架，强电布线		
检查依据： 主要材料名称及规程/型号：封闭式金属桥架 300×100，强电布线			
隐检内容：封闭式金属桥架，强电布线			

续表

检查意见及结论：
监理方意见（监理总监）：
建设方意见（项目负责人）：
日期：

本表由施工方填报，经项目审查签认后，建设方、监理方、施工方各存一份。

5.3 设备安装

包括外观检查、设备就位和管线连接；

5.4 设备自检

设备安装完毕应全面自检：

（1）机房基础装修工程自检表

（2）机房配电及 UPS 系统工程自检表

（3）机房防雷及接地系统工程自检表

（4）机房精密空调系统工程自检表

（5）机房环境监控系统工程自检表

自检表格式见表 3-13：

工程名称：××××数据中心系统建设项目
项目编号：×××××××××××

表 3-13

系统名称：×××××   自检日期：

序号	自检项目	自检内容	自检结果
1	UPS电源监控	检查 UPS 与监控主机所采集的参数、状态、报警量是否正确	合格
2	电量仪监控	检查电量仪与监控主机所采集的参数是否一致	合格
3	漏水监控	检查漏水绳的布置	合格
4	温湿度监控	检查温湿度所检测的实际温湿度是否与监控主机检测到值相符合	合格
5	空调监控	检查空调与监控主机显示参数、状态是否正确	合格
6	……	……	

5.5 调试准备工作

设备调试前应做好下列准备工作：

① 应按设计要求检查已安装设备的规格、型号、数量；

② 应由施工方提供设备安装情况；主要内容包括所有电气或控制连线是否正确，所有电气、控制连接接头是否紧固，电池安装和连线是否正确，电池正、负极性是否正确，维修旁路断路器是否处于断开状态，被锁紧装置是否锁死；

③ 供电电源的电流、电压应满足设备技术文件要求或设计要求；主要内容包括检查主电源输入电压是否满足设备要求的标称及频率范围；

④ 对有源设备应逐个进行通电检查；

⑤ 检测监控数据准确性；

⑥ 检查空调管路系统是否正常连接无泄漏。空调系统检查，完成压力试验、抽真空注入冷冻油和冷媒。管道打压应以 0.5MPa 开始稳压 10min 后，无泄露压力可进行 3.5MPa 恒压保压试验，保压时间 12～24h，前 6h 的压降不应超过 1%，温差不大于 5℃

时，压降应小于 0.18MPa，其余时间应能保持压力稳定。

5.6 调试工作

包括单机调试、系统调试。

（1）单机调试

① 供配电系统：总输入及各分支开关由上至下逐级闭合。

② 机柜系统：调试内容包括机柜、冷通道移门、天窗、照明及消防联动。

③ 空调系统：空调调试内容包括送风温度、回风温度设定，观察系统运行状态。空调具备加湿功能时，检查给水排水是否正常。

④ 设备监控系统：检查动力环境监控系统软件是否能正常采集并显示相关。

（2）系统调试

① 供配电系统、冷通道系统、制冷系统、动力环境监控系统等系统所有设备上电开机。

② 检查动力环境监控系统所采集到空调、配电、UPS、温湿度、漏水、烟感、门禁和视频摄像等设备数据是否与设备本身数据保持一致；设定动力环境监控系统报警阈值并进行验证。

6 试运行

6.1 试运行方案

包括人员、制度流程、应急预案、工具及备件等保障措施。

（1）人员保障措施：具有相应从业资格证书或具备专业背景并持有相关专业上岗证的人员方可参与设备的调试运行工作。

（2）制度保障措施：制定设备人员进出制度、日常巡检制度、备品备件管理制度、应急处理制度。

6.2 试运行工作内容

包括开机确认、试运行和试运行报告。

6.3 试运行发生异常记录与整改

系统试运行发生异常情况时，维护人员应进行相关的信息收集与记录。异常记录内容应包括时间、现象、部位、原因、性质、处理方法。施工方应完成异常情况整改，包括整改方案、结果、确认及备案。

试运行确认报告（表 3-14）：

工程名称：××××数据中心系统建设项目
项目编号：××××××××××

表 3-14

建设方	××××××××××
施工方	××××××××××
试运行周期	从　年　月　日至　年　月　日为项目试运行阶段，该阶段已经完成
试运行总结	（如发现的问题及解决方案等，另附页。） 机房设备、各子单位的系统平台在试运行期间运行正常。
监理方结论	（请对本阶段的工作完成情况、工程师工作态度等进行确认） 项目总监： 日期：　年　月　日
建设方结论	（请对本阶段的工作完成情况、工程师工作态度等进行确认） 项目负责人： 日期：　年　月　日

本表由施工方填报，经项目审查签认后，建设方、监理方、施工方各存一份。

7 验收及交付

7.1 验收成员

我方在已经完成项目各子系统自检（如发现问题，及时整改），竣工资料已经由监理方、建设方核查并且完整无误后，提交《竣工验收申请报告表》，组织建设方、设计方、施工方、监理方、供货方、政府有关部门等人员验收。竣工验收申表报告表见表 3-15。

竣工验收申请报告表
表 3-15

项目名称及编号：		
致：<u>建设方</u> 我公司承建的××××数据中心系统建设项目已经按计划于 年 月 日合同内所规定的全部工程，零星未完工程及缺陷修复拟按申报计划实施，验收文件已准备就绪，现申请项目验收		
√合同项目完工验收 □阶段验收 □单位工程验收	验收工程名称、编码 ××××数据中心系统建设项目	申请验收时间 年 月 日
附：试运行报告 施工方： 项目经理：（签名）		
		日期： 年 月 日
监理方意见： 监理方：（全称及盖章） 项目总监：（签名）		
		日期： 年 月 日
建设方意见： 建设方：（全称及盖章） 负责人：（签名）		
		日期： 年 月 日

7.2 验收成果资料

包括技术方案、技术图纸、主要设备部件及材料清单、项目概算、施工方案、培训及维保服务、联系单、调试记录结果文件、试运行报告、竣工验收报告、验收表格、竣工结算书、监理总结报告。同时重点复核：对于施工是否依照技术方案、技术图纸进行；核对设备、材料清单是否与实际相符；检查实施过程中是否有变更，检查变更文件是否与变更内容一致。有不一致项应暂停验收，待整改完毕后重启验收工作。

7.3 竣工资料

包括竣工验收报告、验收表格和监理总结报告。

（1）竣工验收报告组成：中标通知书、项目合同复印件、项目过程文档（开工报审、项目材料/配件/设备报审表、到货签收单、项目变更单报审表、隐蔽工程验收记录、项目试运行申请报告、试运行确认单、验收申请报告）、项目概述、项目实施文档（施工进度报告、施工方案图纸、项目施工方法（技术措施）施工流程说明）、质量保证技术措施、进度保证技术措施、安全保证技术措施、产品合格证及产品检测报告等材。

（2）竣工验收流程：

① 施工方在项目完工后，应及时编制竣工图和竣工验收报告，并组织施工方内部人员对项目进行验收，发现问题，及时整改；

② 施工方自行验收合格后，在符合竣工验收条件后提出竣工验收申请，并附验收所

需的相关资料。

③ 监理方审核竣工验收申请，经审核符合竣工验收条件后，由监理总监审核并向建设方汇报。

④ 竣工验收申请经建设方审核通过后，组成竣工验收小组。

⑤ 项目竣工验收小组成立后，在建设方、监理方及施工方的配合下对工程质量、进度、使用功能、外观、安全、环保等方面进行验收，对发现问题的地方，要求施工方按期整改；验收合格后出具竣工验收报告，并保留验收过程中的相关记录。

⑥ 竣工验收合格后，组建专家验收小组，召开专家验收会议，形成专家验收结论。

(3) 项目符合下列条件方可进行竣工验收：

① 完成工程设计和合同约定的各项内容；

② 施工方在工程完工后对工程质量进行检查，确认工程质量符合有关法律、法规及相关标准，符合设计文件及合同要求，并编制竣工报告和自行验收报告；

③ 监理方对工程进行质量评估，具有完整的监理资料，并提出工程质量评估报告；

④ 有完整的技术档案和施工管理资料；

⑤ 有工程使用的主要物料、构配件和设备的进场试验报告；

⑥ 有施工方签署的工程质量保证书；

⑦ 工程实施过程中出现的问题已全部整改完毕；

⑧ 施工方的安全、环境保护、消防、防雷等评价报告。

7.4 设备移交清单

设备名称、型号、数量、合格证、说明书、安装位置、软件名称、软件版本，参见表 3-16《设备移交清单表》。

设备交接清单 表 3-16

项目名称及编号：						
交接日期						
序号	设备名称	型号/版本号	数量	单位	安装地点	备注
1						
2						
3						
4						
5						
6						
7						
8						
9						
10						
11						
	......					
移交说明						
建设方			负责人（签字）			
施工方			负责人（签字）			
监理方			监理总监（签字）			

7.5 竣工结算书

包括竣工图和变更洽商文件。

7.6 机房认证检测

一般机房的检测方应具备中国合格评定国家认可委员会（CNAS）和中国计量认证（CMA）证书。重要机房的检测方宜具备质量监督检验机构认证（CAL）证书。

7.7 认证测试范围及内容要求

（1）认证测试范围：包括机柜、供配电、UPS、空调通风、安防、通信、消防、防雷及接地、环境和设备监控等系统。

（2）认证测试内容：包括机房温湿度、噪声、洁净度、照度、无线电干扰场强、磁场干扰场强、静电防护、静电电压、防雷接地、UPS输出电源质量、市电电源质量、环境和设备监控系统功能和性能及强制第三方检测消防系统、防雷接地系统。

7.8 认证检测报告

包括项目信息、检测内容、检测结果。

7.9 认证确认及归档

在认证结束后由建设方、监理方和施工方在竣工资料移交清单上书面确认，并应将接收的资料经编号后归档。

8 技术培训

8.1 培训计划

我司在完成验收后拟定培训计划。对模块化微型数据中心的机柜、供配电、UPS、空调、安防、消防、通信、防雷及接地、环境和设备监控系统的使用和维护等方面进行培训。详细内容见表3-17：

培训计划 表3-17

主要内容	内容描述（含技术指标）	角色	备注	主要内容
目标	掌握模块化微型单机柜机房基础设施（含软件、硬件、网络和设备等）运行、维护和管理的关键要求			
人员	由设备厂商有相关经验的技术专家担任讲师。受训人员主要为机房的运行、维护和管理等职责相关的人员（包括第三方代维公司人员）			
考核	机柜、供配电、UPS、空调、安防、消防、通信、防雷及接地、环境和设备监控系统的使用和维护，也包括运维管理应急处理的模拟演练、运行能耗模拟和制度流程的培训			
内容	掌握动力设备的节能原理与运维效益量化的思路；掌握管理软件的应用层次与提升应用水平的途径，实现安全运行、绿色节能与运维效益的多重保障；掌握机房基础设施评测的关键要素和预防、发现及消除系统隐患的技术手段与管理措施；掌握安全工作管理方法，强化安全意识，加强安全保障，确保数据中心安全运行；了解网络能源技术发展现状和发展趋势，实现数据中心可持续发展			

8.2 培训操作（表3-18）

培训操作 表3-18

培训项目	培训纲要	培训要点
实际操作	设备的实际操作	设备的系统实际操作和维护保养操作
		如何进行零件的拆装 如何排除故障等进行指导和演示
		针对所供设备，具体介绍电气及机械性能及试验方法、维修中常见故障及处理方法
维护保养	设备的维护保养操作	设备结构系统及控制系统的操作、维修保养

在项目现场为受训人进行模块化微型数据中心基础设施相关设备操作规程、现场操作方法、设备维护保养、设备安装调试、设备运行参数调整、设备故障排除、事故应急措施等实操培训和模块化微型数据中心运维管理应急处理的模拟、运行能耗模拟培训、运维管理的制度和流程等内容培训。

8.3 培训报告

培训结束后，培训人员回顾原定的培训计划，把整个过程记录的信息（受训人员、培训时间、培训方式、培训内容、培训过程和要点）、考核成绩、培训目标达成情况及后续培训的优化建议，整理形成培训报告及受训人员对整体培训效果填写的《培训评价表》（表 3-19），提交甲方培训组织人员。

培训评价表　　　　　　　　　　　　　　　　　　　　　表 3-19

培训项目		培训人姓名		受训人员			
举办时间		培训人职位		受训人数			
举办地点		报告填写日期		项目组织部门			
请您根据本次培训中对学员、后勤安排、个人培训执行状况的总体感受，在相应的空格上打"✓"，谢谢。							
评估内容		评 估 指 标		评 估 等 次			
				满意	比较满意	一般	不满意
培训方案	1	对此培训所选定的执行时间的评价					
	2	对此培训的方式和组织工作的评价					
	3	对培训时间长短和培训进度的评价					
	4	对培训教材准备的评价					
	5	对培训人员在此培训过程中的整体投入度的评价					
	6	对培训人员互相交流、参与积极性的评价					
	7	对培训人员使用参考资料、讲义情况的评价					
	8	培训环境对此次培训效果的影响的评价					
培训效果	9	你个人对此次培训目标达到程度的评价					
	10	你认为此培训对提升对后期产品应用是否有帮助，请评价					
	11	你对此培训课程的总体满意度					
概 述	12	你认为在此次培训中的最大收获是什么？					
	13	您认为在哪些方面还需要改进？应如何改进？					
备注：							

9　运行维护

9.1　运营维护制度

包括人员运维管理制度、设备管理制度、运维流程与措施。

9.2　运维范围

包括环境、设备、软件。

9.3 维护保养

包括下列内容：

（1）根据运维合同约定制定维护保养方案。

（2）日常维护。

（3）预防性维护。

（4）预测性维护。

（5）根据运行维护记录，分析并优化运行方案。

9.4 故障维修

包括质保期、保修期内和保修期外的维修。

9.5 自评或测评

运维期间消防、防雷及接地的安全监测应按周期进行自检自评或第三方评测。

10 监控与管理

10.1 本地监控和操作内容

包括监控内容的上报和对监控系统的操作等。

10.2 远程监控和操作内容

应实现本地监控内容上报和操作的所有功能，并通过远程通信管理所有 MMDC 的上报信息，或对所有 MMDC 进行远程操作。

10.3 数据分析

包括监控数据的展示、分析和管理。

10.4 运维安全

包括应用安全、系统安全和数据安全（安全措施的具体案例）。

案例四：模块化微型数据机房建设案例（智慧巡检解决方案）

1 智慧巡检的优势和前瞻性

随着云计算、大数据、人工智能的发展，无人值守的概念在数据中心行业并不新鲜，且目前已经有数据中心企业在不断地尝试新技术，目标是减少或部分替代数据中心传统人工运维。智慧巡检是一种新的运维方式。

1.1 传统运维存在的问题

1.1.1 运维人员

巡检工作枯燥重复，难以保证质量；难以精细化巡检（需要投入巨大的人力）；大电流、噪声大、强磁场环境巡检，损害运维人员的身体健康；运维人员的流动性大导致岗位招聘工作量大；子系统多而复杂，专业水平要求高；部分运维专业化操作安全风险较大。

1.1.2 监控系统

监测点固定，有盲区，灵活性差；在用系统升级更新难且风险高；需要人工复核数据准确性。

1.2 智慧巡检解决方案带来的变革

将成熟的智能机器人技术引入数据中心的运维工作中，以智能机器人为媒介，应用大数据、物联网技术为核心的数据中心进行智慧运检，以"集中监控管理系统＋智能机器人＋专业工程师运维服务"形成三道运维安全防线，实现 24h 不间断自主巡检，大幅度降低了巡检人工成本，及时收集了数据中心运维的有效数据，实现了高精确故障定位与分析，大大提高了运维效率。

1.3 智慧巡检解决方案提升数据中心的安全性

1.3.1 人员安全性

采用智能机器人进行无人值守巡检模式，不仅可替代运维人员的日常巡视工作，执行流程标准化作业，实现巡视工作的无纸化和信息化，提高工作效率，同时降低了运维人员的劳动强度和工作风险，进一步提升数据中心运维的安全性和稳定性。

1.3.2 运行安全性

机器人本体具备安全性功能：智能避障、触碰即停、电池实时监测、高温保护、电池低电量自动返航充电、异常时可远程关机；对入场人员进行人脸识别身份认证，入场后随工引导，盯人盯事，离场后保存视频录像，保证机房设备运行安全性。

1.3.3 数据安全性

机器人通过视觉技术、传感技术实现文字、图像的多数据对比验证，对数据传输采用多重加密机制，对设备异常情况进行智能分析预警，提升数据的安全准确性。

1.3.4 为大数据平台补充基础环境数据，更高效地实现绿色节能

智能机器人在数据中心机房内 7×24h 不间断移动式巡检采集环境数据，作为数据补充，弥补了固定式监控系统的不足，实现数据全覆盖，可快速找到机房热点孤岛，再与制冷系统形成联动效应，诊断和解决机房存在的故障和低能效问题，优化机房环境、气流、能效，做到温度控制精细化管理，提高机房可靠性，最终实现降低生产和运维成本。

2 智慧巡检解决方案

2.1 智能机器人功能（见图 4-1）

图 4-1 智能机器人功能

（1）智能避障：遇到障碍物时，躲避绕行，或重新规划路线；

（2）全面自检：每次巡检任务开始前，进行全面自检，并反馈结果；

（3）电池状态监测与提醒：电池温度过高，停机保护，过充保护；

（4）人脸识别：基于人脸数据库，通过人脸识别对人员进行身份验证；

（5）语音提示：遇到障碍物，主动进行语音提示；

（6）远程对讲：管理人员可通过智能机器人与机房现场进行远程会话；

（7）自动门禁：与机房冷通道的自动门禁系统联动，实现自主开关门。

2.2 巡检业务功能

（1）环境类：机器人巡检过程中实时检测温度、湿度、烟雾、粉尘、有毒气体、气流速度等机房环境数据，用于分析机房的环境情况分布，自动生成巡检报告；

（2）服务器类：定时循环巡检，运用视觉技术对机房内各类生产设备的位置、运行状态指示灯进行识别，对异常情况进行实时告警，巡检结果上传并生成报告；

（3）机柜：对机柜表面进行红外热成像扫描和风温风速检测，生成机柜二维温度云图，直观呈现局部热点位置。

2.3 巡检平台功能

（1）展示内容包括机器人实时状态信息、巡检路线、机器人巡检任务进度、今日任务实施统计、机器人视频图像、告警统计、机房测点温湿度等数据。视频录像功能主要用于保存机器人在实时巡检及盯人盯事任务过程中的录像信息。

（2）巡检路线管理可自由定制巡视路线，修改或删除巡检路线信息，巡检内容定制可视化；建立并增减任务信息，可按不同等级、线路、计划定制并派发任务给机器人执行；最终生成日常/深度巡检报告和单次、日、月巡检报告供用户查询。

（3）替代资产管理系统对设备变更进行管理，便于用户查询到机房、机柜、服务器等的资产总量曲线，资产分布状况，资产状态统计，资产类别统计；对机柜内电力、空间、承重三个维度的容量进行统计分析。

（4）显示机柜固定点位（前上、前中、前下、后上、后中、后下）的风温、风速；展示机柜每 U 最高/低温度数据，判定是否过限，用热点图表示；监视机柜、机房内的有毒气体（苯、二氧化硫）和烟雾（PM2.5、PM10）的浓度。

（5）用户可通过模糊查询或者精确查询，找到机房、机柜、设备等某个时间段的告警事件，并且可以通过饼状图的统计结果对告警事件进行分析。

3 实际案例介绍

该机房实际面积为 460m²。如图 4-2 所示，在机房左侧设置机器人充电位，安放充电桩，并提供一路 AC 220V 的电源插座；对主巡检路线上 6 台智能列头柜、86 台普通机柜设定工位点（图上圆点）；巡检过程中机器人从充电位脱离，按照图示箭头顺序依次进行巡检，巡检对象包括 6 台智能列头柜、86 台普通机柜、209 台 IT 设备（25 种服务器）、530 个测点，完全巡检一次耗时约 75min，消耗电量约 13%；机器人由 30% 低电量充满 100% 需要 90min，巡检频次为每 2h 巡检一次，完全满足 7×24h 自动巡检任务需求。

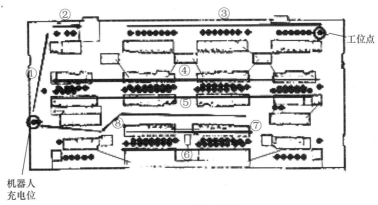

图 4-2 实际案例

案例五：模块化微型数据机房建设案例（AI 在微模块机房中的应用）

1 概述

AI 技术在数据中心的应用已经得到快速发展，可以帮助改善数据中心的运营和服务，但在项目中落地需要四大条件：

（1）数据，支持模型学习的大量数据；

（2）算法，也就是模型；

（3）算力，支撑算法运行的计算力；

（4）业务，任何数据和模型都要匹配业务场景。

2 AI 在微模块中的应用

围绕供配电系统、温控系统、运维系统三大模块，加入 AI 优化运行算法，实现数据中心基础设施整体功能的智能化融合，使得数据中心的高效智能如虎添翼。

微模块将通过智能化 AI 算法主动判断运行状态，实现供电链路毫秒级故障检测，秒级故障定位，毫秒级故障隔离，分钟级故障恢复功能；突破行业困扰已久的冷媒泄漏检测难题；提升数据中心全生命周期空间、电力、制冷及人力资源的高效利用。

其中，供配电系统可实现供电全链路可视及告警精确定位，并拥有基于 AI 技术的电池管理系统，配合毫秒级故障隔离，以保障供电的可靠性。制冷系统，基于 AI 的自优化算法，同等工况下温控系统节电可达 8%；温控系统精确制冷，消除热点隐患，提升数据中心运行的稳定性。同时，AI 算法支持空调冷媒容量的自检测，提高可靠性。管理系统是微模块的大脑，让机房运维变得更加简单、高效：底层设备借助先进的 IoT 技术，摆脱传统串口通信速度慢的问题，同时设备高度自学习、自适应，为整个系统智能化打造坚实的基础；系统平台通过云化改造，构建大数据管理资源池，全球数据中心运营经验云化共享，使数据中心能自优化的管理。

3 AI 在数据中心应用的优势

（1）便于数据中心管理和控制。未来的数据发展必将走向软件定义。随着数据中心呈现复杂化，人工处理的精力和能力都有限。如果利用人工智能学习能力，对以往管理数据进行智能分析，就可得到客观准确的决策。

（2）降低数据中心能耗。数据中心是能耗大户，巨额的电能费用已经成为数据中心高速发展的瓶颈，很多互联网巨头的自建数据中心开始想尽一切办法去降低能耗。人工智能技术可以充分计算 EEUE 值，再根据 EEUE 值反推哪些因素对其影响最大，再去优化这些部分，从而达到降低能耗的目的，提升数据中心运行效率。

例如，海外某数据中心利用 AI 技术，在机房的能耗上获得了大幅的削减，相应减少EEUE 值。具体而言，通过建立机器学习的模型，对机房的 EEUE 指标趋势进行预测，从而指导制冷设备的配置优化，减少了闲置的用于制冷的电力消耗。这项技术能够减少8％～15％的数据中心整体耗电量，节省下来的成本相当可观。

（3）数据中心的数据加工。数据中心拥有海量数据，但数据变现能力不强。借助 AI技术的智能化运维，可以对这些数据进行深度分析，将数据进行过滤、整理、组建各种模拟模型，这些加工后的数据可能会产生巨大的价值。如果是数据中心的运行数据，则可以通过智能运算，获得提升数据中心运维水平的机会；如果是数据中心的存储数据，则可以通过智能运算获得行业市场状况，进行人员特征的分析等。

案例六：模块化微型数据机房建设案例（消防专项案例）

以下选取了 3 个典型 MMDC 机房案例的消防方案：

1 单机柜案例

保护对象	一体化单机柜
需求分析	1. 火灾风险集中 　MMDC 单机柜的内部集成了空调、UPS、电池、配电、服务器等各类设备，火灾风险较为集中，任何一个子系统都可能因故障或设备老化而出现火情。 　2. 难以依靠外部保护 　单机柜所处环境不是常规意义上的数据机房，相应的消防保护措施不足，且由于采用全封闭形式，即使增加房间消防设施，也难以解决机柜内消防问题。 　3. 对周边环境是潜在危险源 　一体化单机柜所处的环境经常处于无人值守状态，一旦发生火情，不仅机柜内部的设备、数据将受到损失，也对机柜所处建筑及周边人员设施造成威胁。 　4. 柜内消防需求 　综上几点，一体化单机柜应具备柜内自动探测火灾及灭火功能，且自动灭火方案应尽量避免对柜内设备的二次污染或损害，保障数据安全
方案配置	配置单柜专用消防模块 针对一体化单机柜的特殊消防需求，配置 1 台机架式消防模块
功能	1. 具备自动火灾探测及自动灭火功能，可在机柜内部发生火情后迅速识别并自动触发灭火单元，完成火灾扑灭，无需人员干涉； 2. 采用洁净气体灭火剂，对机柜内设备或机柜周边环境无毒无害； 3. 具备灭火动作信号输出功能，可将信号实时反馈至动环监控系统
优势 （与传统方案对比）	1. 针对单机柜进行精准保护，探测及灭火可靠性更高，且使用的灭火药剂量远小于常规机房灭火系统； 2. 在实现自动灭火的同时，不会对机柜周边设施造成影响； 3. 占用空间更小，可灵活的安装于单机柜中； 4. 无需担心因灭火系统误喷造成的额外损失； 5. 不会对机柜附近的人员安全造成影响； 6. 机架式安装，无需施工； 7. 不依赖建筑消防设施，使机柜的安装位置更加灵活； 8. 可灵活选择是否与大楼消防系统进行联动，部署及管理更加简单

机架式消防模块单机柜安装示例见图 6-1：

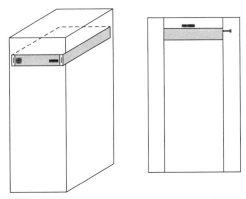

图 6-1　机架式消防模块单机柜安装示例图

2　单排组案例

保护对象	8 台一体化机柜构成的单排组（1×8）
需求分析	1. 火灾风险集中 　本案例为 8 台一体化机柜合并组成的单排组，不仅集成了含空调、UPS、配电、服务器等设备，且整体功率较单机柜更高，火灾风险更大。 　2. 难以依靠外部保护 　单排组采用全封闭形式，难以依赖所在房间的消防设施进行保护，且其中任何一台机柜出现火情都会迅速蔓延至单排组内其他机柜，造成更大的损失。 　3. 对周边环境是潜在危险源 　单排组机柜由于自身的功率及火灾荷载更高，一旦发生火情，如无法及时扑灭，将对机柜内部设备及建筑周边的人员设施造成会更大的影响
方案配置	配置组合式多机柜专用消防模块 　针对 8 连柜的消防需求，组合配置了多柜专用消防模块，通过安装 2 台机架式消防模块，可实现 8 柜单排组的消防保护，该配置方案有效优化了单位机柜的空间占用率及部署成本
功能	1. 可自动探测到单排组内任意机柜发生的火情，并自动启动灭火单元，实现迅速有效灭火，同时确保火情不进一步蔓延至其他机柜； 　2. 根据单排组机柜的情况布置多个火灾探测点，火灾探测及时可靠； 　3. 采用洁净气体灭火剂，对机柜内设备或机柜周边环境无毒无害； 　4. 具备灭火动作信号输出功能，可将信号实时反馈至综合监控系统
优势（与传统方案对比）	1. 针对 8 机柜单排组进行精准保护，探测及灭火可靠性更高，且使用的灭火药剂量远小于常规机房灭火系统； 　2. 单位空间占用率较单机柜方案更小（采用针对多柜的专用消防模块，并非简单叠加单柜模块，确保机柜体积占用最小）； 　3. 在实现自动灭火的同时，不会对机柜周边设施造成影响； 　4. 无需担心因灭火系统误喷造成的额外损失； 　5. 不会对机柜附近的人员安全造成影响； 　6. 机架式安装，无需施工； 　7. 不依赖建筑消防设施，使机柜的安装位置更加灵活； 　8. 可灵活选择是否与大楼消防系统进行联动，部署及管理更加简单

机架式消防模块单排组安装示例见图 6-2：

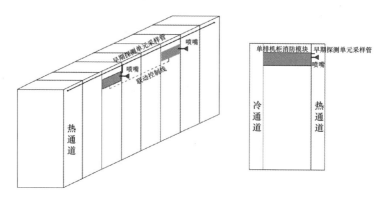

图 6-2　机架式消防模块单排组安装示例图

3 双排微模块案例

保护对象	由双排机柜组成的微模块（2×8）
需求分析	1. 机房安全与业务连续性要求更高 　双排微模块较单排组机柜不仅在基础设施配置容量及空间体积等方面有大幅增加，其所承载的业务也对可靠性及安全性有更高的要求，一旦发生火灾，即使能够及时扑灭，造成的业务损失也不小。因此，微模块的消防功能应在自动探测及灭火的基础上增加早期火灾隐患探测的能力，帮助用户及时发现并消除隐患，保障业务运行的连续性，实现风险可控。 2. 微模块内复杂的气流组织增加火灾探测难度 　微模块内的气流组织形式复杂多样，常规的火灾探测方式也容易受到高气流环境的影响而导致无法及时报警，延误处理火灾隐患的时机
方案配置	针对双排机柜微模块的特点，采用了一套微模块专用的机架式消防模块，可实现微模块机房的火灾隐患早期预警、自动火灾报警及灭火等功能。确保微模块运行的高安全性及连续性
功能	1. 具备极早期报警功能，灵敏度较常规火灾探测设备更高，并可根据机柜内环境特征灵活设置预警报警阈值，帮助用户在火情出现之前发现隐患； 2. 采用空气采样式主动火灾探测方式，有效解决高气流环境下的探测问题； 3. 自动烟雾及温度探测报警； 4. 自动或手动灭火功能，采用洁净气体灭火剂，对设备及环境无毒无害； 5. 不仅适用于全封闭式微模块设计，也可对微模块所在房间进行整体保护； 6. 机架式安装，占用空间小（单个机柜30%），便于微模块内安装； 7. 可将实时环境浓度、预警报警信号、灭火喷放信号等数据输出给微模块综合监控系统
优势 （与传统方案对比）	1. 针对微模块内设备进行精准保护，探测及灭火可靠性更高，且使用的灭火药剂量远小于常规机房灭火系统； 2. 保护范围可同时覆盖微模块所在房间，但在探测灭火有效性、整体成本、安装便捷性、部署时间、占用空间等方面明显优于传统机房消防方案； 3. 可帮助用户更快定位火灾隐患； 4. 后期维护更加便捷； 5. 在实现自动灭火的同时，不会对周别设施造成影响； 6. 无需施工、易安装（采用工厂预制或后期加装，大幅节省成本）； 7. 不依赖建筑消防设施，使机柜的安装位置更加灵活； 8. 可灵活选择是否与大楼消防系统进行联动，部署及管理更加简单

机架式消防模块双排微模块安装示例见图 6-3：

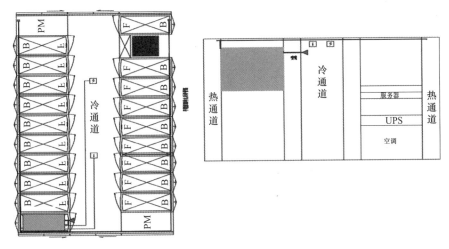

图 6-3 机架式消防模块双排微模块安装示例图

案例七：模块化微型数据机房建设案例（防雷专项案例）

1 单机柜防雷接地措施

单机柜一般放置在楼道、走廊或房间内，是相对独立的空间，这些场景的防雷接地示意图见图 7-1，应遵循如下原则：

（1）机柜的总接地端应连接至大楼的防雷接地系统，且接地电阻值小于 10Ω，接地线截面积不应小于 16mm² 铜导线；

（2）机柜自身金属构件、机柜内各设备金属外壳、机柜内各接地系统应连接至机柜的总接地端，接地连接导线截面积不应小于 6mm² 铜导线，每个连接点的过渡电阻不应大于 0.03Ω；

（3）进入机柜的交流电源处应配置电源二级电涌保护器（参数：$I_n \geqslant 20kA$（8/20us），$I_{max} \geqslant 40kA$（8/20us），$U_p \leqslant 1.8kV$），设备前端的 PDU 配置电源三级电涌保护器（参数：$I_n \geqslant 10kA$（8/20us），$I_{max} \geqslant 20kA$（8/20us），$U_p \leqslant 1.2kV$）。

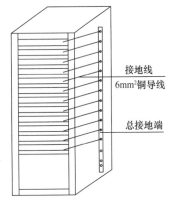

图 7-1 单机柜防雷接地示意图

2 多机柜防雷接地措施

多机柜（以 8 台为例）一般放置在机房内，有静电地板、独立的空间，该场景的防雷接地示意图见图 7-2，应遵循如下原则：机房静电地板下设置等电位联结带和等电位联结网格。等电位联结带采用 30mm×3mm 紫铜排离地 200mm 沿墙敷设成环形，等电位联结网格采用不小于 25mm² 铜编织带成网格状，网格间距 800～1200mm。等电位联结带与大楼的接地系统（或室外专用接地系统）相连接，接地电阻值不应大于 4Ω，接地线截面积不应小于 16mm² 铜导线。

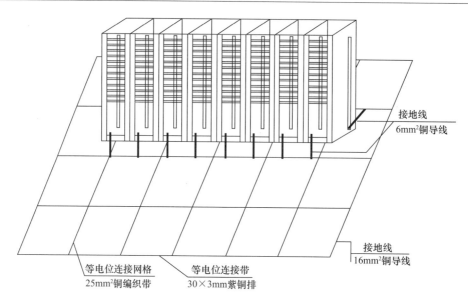

接地线
6mm² 铜导线

接地线
16mm² 铜导线

等电位连接网格
25mm² 铜编织带

等电位连接带
30×3mm 紫铜排

图 7-2 多机柜防雷接地示意图

3 防雷及接地参数要求（表 7-1）

防雷及接地参数要求 表 7-1

名称		单机柜	多机柜	双列机柜	备注
		技术要求			
接地系统	接地电阻值	10Ω	4Ω	4Ω	现场条件
	接地线截面积	≥16mm² 铜导线			接地引入母线
电涌保护器	电源二级（T2）	In≥20kA（8/20us），Imax≥40kA（8/20us），Up≤1.8kV			配电系统
	电源三级（T2）	In≥10kA（8/20us），Imax≥20kA（8/20us），Up≤1.2kV			列头柜、PDU 内置
等电位连接	总接地端截面积	≥16×3mm 紫铜排			机柜内
	等电位联结带	≥30×3mm 紫铜排、距地面 200mm 沿墙敷设			机房内
	等电位联结网格	≥25mm² 铜编织带、间距：200～1200mm			机房内
	接地线截面积	≥6mm² 铜导线			各设备、金属构件接地线
	过渡电阻	≤0.03Ω			各连接点

案例八：模块化微型数据机房建设案例（运维专项案例）

1 项目概况

建设形式：微模块（单机柜/单列机柜/双列面对面机柜）（封闭冷通道）。

2　运行维护

2.1　运行维护制度

（1）人员运维管理制度：人员考勤管理、绩效管理、安全运行奖惩、人员行为规范管理、人员培训管理、人才储备管理等相关制度。

（2）设备运维管理制度：包括供配电系统维护巡检管理、制冷系统维护巡检管理、环控系统维护巡检管理、安防系统维护巡检管理、消防灭火系统维护巡检管理等相关制度。

供配电系统维护巡检管理：各类仪表温度检查、有无异响、异味，各类空开断路器有异响、异味，UPS 电池外观检查；巡检频次要求、相关检查数据的记录；环境及设备洁净度的保持。

制冷系统维护巡检管理：控制电器系统、制冷循环系统、加湿系统、温湿度、漏水相关的检查；巡检频次要求、相关检查数据的记录；环境及设备洁净度的保持。

环控系统维护巡检管理：系统服务端、软件状态、设备状态、数据库录入等相关的检查；巡检频次要求、相关检查数据的记录；环境及设备洁净度的保持。

安防系统维护巡检管理：红外报警系统终端设备、门禁系统、硬盘录像机等相关的检查；巡检频次要求、相关检查数据的记录；环境及设备洁净度的保持。

消防灭火系统维护巡检管理：气体灭火系统、消防设施、消防安全通道等相关的检查；巡检频次要求、相关检查数据的记录；巡检消防设备可用性、安全性。

2.2　故障处理管理制度

设备故障处理流程：

（1）基础设施故障分级

① 直接对机房内 IT 设备运行或机房安全造成影响的均列为重大故障。

② 间接对机房内 IT 设备运行和机房安全造成影响的均列为严重故障。

③ 不属于以上情况视为一般故障。

（2）编制设备故障处理流程图

（3）编制故障跟踪反馈管理制度

① 值班故障交接

作为值班日志，用于记录特定时间内所有重要的设备故障事件，故障是其中最重要内容之一。基础运维人员需要在值班日志里详细记录故障及故障处理情况，以便接班人员能清楚情况，并方便以后查询。所有故障都需要录入值班日报。

② 故障资料记录存档

级别为一般级别及以上的，处理完毕要作为运维大事记记录在《××××机房维保跟踪记录表》中，记录应包含故障原因、处理过程及处理人等信息。

2.3　机房基础设施应急响应预案

编制配电、消防、空调、柴发等应急响应预案。

2.4　运行管理与措施

2.4.1　运行管理

（1）日常设备巡检安全及预控措施：

① 进入机房应严格遵守机房管理制度。

② 为了防止损坏机房内基础设施设备，严禁携带易燃、易爆、腐蚀性、强电磁、辐射性、流体物质等对设备正常运行构成威胁的物品进入机房。

③ 为了防止巡检人员误触碰设备，进入机房巡检前检查灯光照明，明确工作对象及巡检路线，加强现场监控。

（2）日常设备巡检前准备工作：

① 巡检前基础运维人员必须准备各系统巡检记录表，用于记录设备巡检结果。

② 巡检前基础运维人员必须配备手电筒、钥匙、电笔、手套、通信工具等日常巡检必备工具。

③ 巡检前基础运维人员须报备巡检路线及内容。

（3）日常设备巡检周期及内容定额：

① 日常设备巡检周期为每日×次、每次巡检时间间隔为×个小时，并同时进行设备数据采集。不包括故障处理时间。

② 日常设备巡检内容为强电系统、空调系统、UPS系统、强电列头柜、精密空调房设备运行情况，各机房、各精密空调房及UPS配电间安全卫生、基础设施环境等。

③ 日常设备数据采集内容为强电系统配电柜电压电流、空调系统温湿度、UPS系统输入输出电压电流、各服务器机房强电列头柜电压电流、网络机房强电列头柜电压电流、接入机房强电列头柜电压电流等。

（4）日常设备巡检中异常现象及处理方法：

① 巡检过程中发现已知故障或遇见故障点，巡检人员先行进行简单处理，如故障无法处理，第一时间上报系统负责人，并现场记录故障情况。

② 系统负责人接报基础运维人员上报故障内容后安排相关专业人员到场进行二级处理。如故障仍无法解除，由系统负责人升级该故障等级并第一时间通报部门经理及甲方客户，同时驻守现场记录故障情况，保障故障不扩大化。

（5）日常设备巡检执行人员：

① 设备的日常巡检由基础运维人员负责，各运维项目系统负责人作为值班负责人。

② 设备的一级故障（一般故障）处理以基础运维人员为主，系统负责人为辅。

③ 设备的二级故障（严重故障及以上）处理以系统负责人为主，基础运维人员为辅。

（6）日常巡检记录检查：

① 日常设备巡检每班次巡检结果由系统负责人进行检查，确保日常设备巡检的完成，由系统负责人负责。

② 日常设备巡检每日次巡检结果由系统组长负责人进行检查，确保日常设备巡检的完成，由系统负责人负责。

③ 日常卫生每周、每月打扫结果由系统负责人进行检查，确保日常卫生打扫完成。由系统负责人负责。

④ 日常设备巡检管理制度原则上不得变动，确实需要变动时，必须说明理由并且得到系统负责人及部门经理的批准。

2.4.2 工作相关管理制度措施

（1）工作总结报告制度

（2）工作汇报内容分类包括以下：

① 部门工作总结

② 工作计划、执行方案制定

③ 工作计划、执行方案实施进度

④ 过程中遇到的困难及解决方案

⑤ 需要汇报的内容

相关上级管理人员应负责对工作总结汇报人员汇报进行批阅，对已在工作中出现的问题要及时纠正，对延迟的工作任务要严加监督，对下属管理人员提出的问题及建议要及时反馈，加强控制能力。

2.4.3 档案管理制度

为规范运维文档的管理，对包括机房运维管理体系运行中使用的各类文件实施有效控制，以确保各过程、环节/场所使用的文件具有统一性、完整性、正确性和有效性，与体系运行相关的部门均使用有效的现行版本文件，防止误用作废文件。

2.5 运维流程与措施

2.5.1 运维流程

（1）拟定巡检计划

（2）安排值班巡检人员

（3）准备巡检所需相关仪器工具

（4）对机房内各系统设备设施巡检

（5）记录人员记录相关参数

（6）整理汇总相关数据并进行分析，进行预防性和预测性维护

（7）对相关记录存档

2.5.2 运维措施

（1）日常性巡检维护

（2）巡检记录表的存档

（3）备品备件准备

（4）相关设备厂商应及联系方式的存档

（5）各系统应急处理方案

（6）应急模拟演练、实战演练

2.6 运维范围

包括机房环境、装饰装修、配电设施、精密空调、UPS、动环监控、服务器机柜、综合布线、系统软件、系统硬件、门禁系统。

2.7 维护保养

包括下列内容

（1）根据运维合同约定制定维护保养方案，方案应包含主要合同要求的种类、设备数量、保养时间等关键信息。

（2）日常维护：对机房内配电、UPS、空调、消防、动环监控、装饰照明等系统中需要记录的参数例行维护并记录相关参数。

（3）预防性维护：在日常维护的前提下，可定期对机房内易损设备、硬件进行备货、检修、提前更换，以确保机房设备的安全运行。

（4）预测性维护：在对长期运维维护数据分析的基础上，对设备的运行状态、可能出现的故障情形、可能出现的风险情况进行预判，提前拟定好应急处理预案、准备好备品备件应对突发情况。

（5）记录各类设备运行参数，并形成详细记录表单，根据运行维护记录，分析并优化运行方案。

2.8 自评或测评

日常运维时定期对消防、防雷设施进行第三方检测；对配电、制冷、安防等系统进行安全自检。